하와이 한 달 살기

하와이 한 달 살기

일주일 비용으로 즐기는
하와이 여행의 모든 것

함혜영 지음

포르체

운명을 바꾼 하와이 한 달 살기

미국 사우스캐롤라이나주에서 2007년 여름부터 2009년 여름까지 2년간 수학 교사로 일했다. 2008년 여름 방학 중 한국을 방문했는데 미국으로 돌아가는 길이 못내 아쉬워 비행기 스케줄을 조정해 하와이에 2박 3일 머물렀다. 말로만 듣던 상상 속 하와이를 잠깐이나마 눈으로 확인하고 싶었다. 공항에 내리면 훌라 춤을 추는 댄서들이 맞아줄까, 아니면 누군가 환영의 인사로 레이(Lei, 화환 모양의 장식)를 걸어줄까, 바다는 얼마나 아름답고 평화로울까 등등 온갖 즐거운 상상을 하며 하와이로 향했다.

호텔과 렌터카만 예약했을 뿐 아무 계획이 없었지만 하와이가 어떤 곳인가 구경이나 하자는 마음으로 공항에 내렸다. 공항 밖으로 나오니 적당한 습도와 맑은 공기, 기분 나쁘지 않은 더위가 몸을 덮어 포근했다. 비염 때문에 항상 코가 반은 막혀 있는 듯했는데 공기가 내 코를 시원하게 통과했다. 하와이는 처음이었는데도 마치 집에 온 것처럼 편안함이 느껴졌다. 하와이가 달리 휴양지가 아니구나 싶었다. 날씨와 환경의 영향 때문인지 사람들도 밝고 친절했다. 나와 함께 비행기에서 내린 관광객들의 표정도 기대에 차 있어 밝았지만, 현지에 있는 사람들은 얼굴 그 자체에서 긍정적인 에너지가 뿜어져 나왔다. 그만큼 하와이의 첫인상이 너무 좋았다. 모든 인생의 고뇌와 걱정들은 어디론가 사라지고 다른 세상에 들어선 것 같았다.

여행만 오면 왜 이리도 시간이 빨리 가는 것인지 금방 저녁때가 다가왔다. 일단 해변에 나가 혼자 걸어 다니며 와이키키 해변을 구경하기로 했다. 마침 듀크 카하나모쿠 동상 근처에 사람들이 모여 훌라 춤 공연을 구경하고 있었다. 매일 저녁 이 시간쯤이면 공연하는 듯했다. 잠시 공연을 보며 진짜 하와이에 와 있음을 실감했다. 경쾌한 우쿨렐레 연주가 해변의 모든 분위기와 어우러져 몸을 들썩이게 했다. 하와이 말로 노래를 하니 가사의 내용은 알아들을 수 없지만 '여기가 천국이니 맘껏 즐기세요'라는 말로 들렸다.

정처 없이 거닐다 길가에 관광 안내소가 보여 들어갔다. 머무는 동안 뭘 하면 좋을까 물어보니, 안내소 직원이 짧은 기간에 할 만한 인기 있는 관광 코스를 몇 개 안내했다. 이미 저녁이라 당일에는 할 수 있는 체험이 없었고, 2박 3일 일정이라 셋째 날은 공항에 가야 하니 한 가지만 선택해야 했다. 바다 스노클링을 하면 돌고래 외에도 다른 해양 동물을 다 볼 수 있는 장점이 있다는 직원의 추천에 스노클링을 선택했다.

다음 날 아침 일찍 정해진 장소에서 배를 타고 태평양 바다 한가운데로 나갔다. 하와이의 바다는 색깔이 예뻐 사진을 대충 찍어도 화보 같았다. 배를 타기 전에 물고기 먹이를 샀는데 이걸 들고 바다에 들어가 뿌리면 색색의 물고기들이 다가왔다. 이 환상적인 장면을 카메라에 담고 싶었지만 물고기들이 너무 빨라서 포착하기 어려웠다. 거북이들이 지나가는 것도 보았는데 육지와는 달리 엄청나게 빨랐다. 야생에 사는 돌고래들은 색깔이 진하며 입도 더 뾰족하고 날렵해 보였다. 한 시간이 5분처럼 지났고, 언제 또 여기 돌아올 수 있을까 싶었다.

스노클링을 마치고 차를 끌고 이곳저곳 드라이브를 했다. 내가
오기 전 어느 관광객이 사용했을 GPS에 남은 방문 리스트가 유

명한 관광 코스겠거니 하고 무작정 가보았다. 다이아몬드 헤드
에 올라가니 와이키키가 한눈에 선명하게 내려다보였다. 관광객
들은 차를 세우고 열심히 셔터를 눌렀다. 누군가는 저 안에서 치
열하게 살아가고 있을 수도 있으나, 내 눈에는 평화로운 낙원이
었다. 다이아몬드 헤드에서 내려와 다운타운도 가보고 해안 도로
도 쭉 돌아보며 하루를 마무리했다. 짧은 여정이었지만 혼자 내
마음과 대화하며 돌아본 시간은 힐링 그 자체였다. 바쁜 일상으
로 돌아가기 전 몸과 마음을 제대로 충전할 수 있었다. 그 이후로
도 일상에 찌들어 지치고 힘들 때면, 그때 찍었던 사진들을 꺼내
삶의 원동력으로 삼곤 했다. 이 짧은 여행으로 하와이에 살아보
고 싶다는 꿈을 계속해서 간직하고 있었는데 하와이 한 달 살기
를 하면서 그 꿈이 이루어졌다. 하와이에서 남편을 만나, 하와이
에 살면서 직접 보고 느낀 하와이의 멋진 공간, 풍경과 함께 하와
이 한 달 살기 노하우를 전하고 싶다. 내가 그랬듯, 누군가에게 하
와이가 삶의 원동력이 되기를 바란다.

3장 나도 한다, 하와이 한 달 살기 086

1장

하와이
맛보기

나를 반겨준
하와이

하와이 한 달 살기의 시작

2014년 1월, 캘리포니아 여행을 계획하며 가는 비행기와 오는 비행기 스케줄 모두 하와이에 하루 경유하는 일정을 억지로 넣었다. 잠깐이라도 하와이에 내려, 하와이가 잘 있는지 보고 가지 않으면 안 될 것만 같았다. 캘리포니아로 가는 길에 호놀룰루 공항에 내려 다시 맡은 하와이의 공기는 2008년과 변함이 없었다. 호놀룰루에서 곧장 비행기를 갈아타 빅아일랜드로 가면 헬기 투어 마지막 시간대 이용이 가능해 투어를 예약해 두었다.

그런데 하와이는 나와 '밀당'이라도 하는 듯 호락호락하지 않았다. 앞으로 닥칠 일은 예상하지 못한 채 지인과 서로 사진을 찍어주고 간식도 사 먹으며 하늘에서 화산을 내려다볼 기대에 잔뜩 부풀어 빅아일랜드로 가는 비행기를 기다렸다. 하지만 비행기 연착으로 인해 빅아일랜드에 예상보다 늦게 도착해 마지막으로 뜨는 헬리콥터를 눈앞에서 놓쳐버렸다. 울상이 되어 눈앞에서 막 뜨고 있는 헬리콥터를 한참이나 올려다보고 서 있었다. 거기까지 갔으니 화산 국립공원이라도 가서 체인 오브 크레이터스 로드(Chain of Craters Road)를 걸어봤다. 그마저도 늦은 시간이라 여유 있게 구경하지는 못했다. 잠깐이었지만 사진에 다 담을 수 없는 엄청난 규모의 분화구가 헬기 투어에 대한 아쉬움을 잊을 수 있게 해주었다. 빅아일랜드를 떠나며 언젠가는 저 헬기를 타러 다시 돌아오겠다고 다짐했다.

하와이 화산 국립공원
Hawaii Volcanoes National Park, HI 96718 미국
+18089856000

캘리포니아 여행이 끝나고 한국으로 돌아가는 길에 다시 하와이
에 들렀을 때는, 일부러 해변과 가까이 위치한 게스트하우스에 머
물렀다. 여행만 가면 왜 이리도 선물에 목을 매게 되는지, 가자마
자 쇼핑을 하다 보니 금세 날이 어두워져 바다 구경 한 번 하지 못
했다. 숙소에는 서핑을 하러 하와이로 여행 온 한국인 두 명이 머물
고 있었다. 일주일 내내 아침 일찍 나가 어두워질 때까지 하루 종일
서핑을 하고 들어온다고 했다. 여기저기 바쁘게 이동하며 발 도장
찍고 다니는 여행이 아닌, 좋아하는 것에 푹 빠져 한 가지를 제대로
즐기는 여행이 참 매력 있게 느껴지기도 했다. 하와이를 떠나는 날,
꼭 다시 한번 하와이에 와서 시간적 여유를 가지고 제대로 즐기고
야 말겠다고 다짐하며 하와이와 아쉬운 인사를 나눴다.

2017년 12월 31일, 또다시 하와이로 여행을 떠났다. 이번엔 한 달 동안 원 없이 하와이를 즐겨 보기로 했다. 내가 하와이에 머무는 동안 엄마가 마지막 일주일에 방문하게 되어 부랴부랴 근처 한인 여행사에 들러 며칠 동안 돌아볼 만한 명소들을 상담했다. 지금은 없어졌지만 그때는 메리어트 호텔 안에 한인 여행사가 있었다. 그곳에 그을린 피부색에 빤빤하게 붙여 묶은 짧은 머리, 푸짐한 풍채에 화려한 하와이안 셔츠를 입은 아저씨가 있었다. 아저씨는 아주 경쾌하고 걸쭉한 목소리로 맞이하며 내가 원하는 스타일에 맞게 투어들을 추천했다. 내가 세운 계획은 렌터카를 하루만 빌려 주요 명소를 두세 군데 돌고, 쿠알로아 랜치와 폴리네시안 문화센터를 거쳐 코올리나 비치 선셋을 보는 일정이었다. 이 일정이 가능한지 묻자, 아저씨는 동쪽 끝에서 서쪽 끝까지 이동하는 데다가 하와이를 한 바퀴 도는 거라 선셋을 보려면 부지런히 움직여야 하고, 저녁에 루아우 쇼를 볼 생각이면 폴리네시안 문화센터보다 파라다이스 코브 루아우가 로컬의 느낌이 제대로 난다며 본인이라면 거기로 갈 것이라 답했다. 하지만 당일치기 일정으로 루아우까지 보기는 어려울 것 같았다. 내 말에 아저씨는 우리 상품을 이용하지 않아도 괜찮으니 궁금한 것이 있으면 언제든지 와서 물어보라며 홍보 전단지 한 귀퉁이에 'Pablo'라는 이름과 전화번호를 적어서 건넸다.

귀국 날짜가 며칠 남지 않아 예쁜 사진도 최대한 많이 남기려 바다에 들어갈 때 핸드폰을 가지고 들어갔다. 혼자 물속에서 이리저리

사진을 찍다가 젖은 손에서 핸드폰이 쓱 미끄러져 물속으로 가라
앉아 버렸다. 다행히 물이 얕은 곳이라 얼른 손으로 집어서 꺼냈지
만, 핸드폰은 이미 운명을 다하고 있었다. 허둥지둥 숙소로 돌아와
세면대 물에 씻고 핸드폰을 분해해서 말려 보아도 전원이 돌아오
지 않았다. 급하게 숙소 로비에 있는 컴퓨터로 핸드폰 수리점을 검
색했지만 마땅한 곳이 없었다. 갑자기 핸드폰이 먹통이 되니 어떻
게 해야 할지 막막했다. 그동안 찍었던 사진들이 모두 날아갔을 거
란 생각에 사진 몇 장 찍겠다고 핸드폰을 들고 바다로 들어간 내가
원망스러웠다.

고민 중에 문득 파블로 아저씨가 떠올랐다. 언제든 도움이 필요할
때 오라고 했던 말이 생각나 찾아가니, 반가운 목소리로 또 와 줘서
고맙다고 했다. 핸드폰이 망가져 한국에 계신 부모님께 연락할 수
있도록 도와달라고 하자 흔쾌히 도와주었다. 이런 내가 귀찮을 법
도 한데 아저씨는 음료수까지 주며 심심하면 같이 얘기나 하며 놀
다 가라고 하셨다. 아저씨는 어릴 때 남미로 이민 가서 살다가 미
국으로 넘어왔다고 했다. 그렇게 서로 인생 이야기를 주거니 받거
니 하다 보니 시간이 훌쩍 지나갔다. 나이 차이가 한참 나는데도 시
간 가는 줄 모르고 대화가 이어졌다. 한국으로 떠나기 전날, 도와주
셔서 감사하다는 인사와 함께 작별 인사도 할 겸 퇴근 시간에 햄버
거를 사 들고 아저씨를 만나러 갔다. 그런데 갑자기 아저씨가 마지

막 날인데 햄버거 말고 괜찮은 남자와 저녁 식사를 하는 게 어떻냐고 하셨다. 편안한 차림새로 나왔는데, 어떻게 해야 하나 고민하다가 '어차피 한 번 밥만 먹을 건데 뭐'라는 생각에 햄버거를 아저씨에게 넘기고 얼떨결에 처음 보는 남자와 저녁을 먹으러 나갔다.

한 30분쯤 지났을까, 막 퇴근한 남자가 나를 데리러 왔다. 요즘 시대에 보기 힘든 촌스러운 와이셔츠에 배바지를 입고 나타난 남자를 보고 속으로 '헉'했다. 그 남자와 어색한 대화 속에 식사를 마쳤다. 그와 연락처를 주고받으며 핸드폰이 망가져 한국에 가야 연락이 가능할 것 같다는 인사를 끝으로 헤어졌다.

하와이가 준 특별한 선물

한국에 돌아오자마자 핸드폰 수리를 맡기고 일주일 정도가 지나서야 핸드폰을 켰다. 그간 밀린 연락을 확인하다 보니 다시는 연락할 것 같지 않던 그 남자의 메시지가 있었다. 마침 핸드폰 수리 비용을 보험 청구해야 해서 그 남자에게 도움을 청했다. 현지에서 핸드폰이 여행 중 파손되었다는 확인서가 필요한데 한국에 올 때 서류를 미처 챙겨오지 못했다고 하니 그는 흔쾌히 도와주었다. 덕분에 수리 비용을 보험 처리할 수 있었고, 그에게 고맙다는 인사를 전했다.

이렇게 안부 인사를 몇 번 주고받게 되었는데 대화하다 보니 진중한 사람임이 느껴졌다. 그와 대화 코드도 잘 맞아 자주 연락을 주고받았다. 어느새 퇴근길 통화가 일상이 되었고 5월 말쯤 한국에 2주간 출장을 가게 되었다며 나를 만나러 왔다.

하와이에 있을 때는 몰랐는데, 그를 한국에서 보니 유독 탄 피부가 눈에 띄었다. 처음 만났을 때보다는 경계심이 덜 했지만 실제로 얼굴을 마주하는 건 두 번째라 아직은 어색한 인사를 나눴다. 두 번째 만남에 그동안 이어졌던 연락 덕분인지 금방 친한 사이가 될 수 있었다. 다시 서울로 돌아가기 전 그가 다음 주말에 우리 엄마와 잠깐 식사할 수 있을지, 부담은 갖지 말라며 갑작스러운 제안을 했다. 일주일이 지났고, 남자가 하와이로 돌아가면 볼 기회가 언제 생길지 모르니 일단 잠깐이라도 소개해 주자는 생각이 들었다. 급히 엄마와 간단한 식사 자리를 만들었다. 이렇게 만남이 만들어졌고, 그는 하와이로 돌아가 나를 하와이로 초대했다. 고민 끝에 마지막으로 이 사람을 잘 살펴볼 기회라 생각하고 일주일간 하와이에 다녀왔다. 그사이 자연스럽게 우리는 더욱 가까워졌다.

그해 10월, 그는 내게 프러포즈를 했다. 그리고 같은 해 눈이 하얗게 내리는 12월에 우리는 결혼식을 올렸다. 한 달 살기를 하는 동안 크루즈 투어를 갔을 때 카우아이 포이푸 비치에서 잃어버린 금 목걸이를 재물로, 하와이 신이 소중한 인연을 선물로 준 게 아닐까.

2장

하와이
한 달 살기의
시작

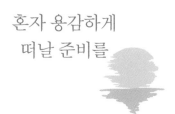

혼자 용감하게
떠날 준비를

한 달 살기 준비 과정

2017년 12월 31일, 밤 비행기로 한국을 떠나 하와이 한 달 살기에
도전했다. 바쁜 스케줄을 따라 여행하기보다는 하와이 현지인처럼
살아보자는 게 목표였다. 혼자 미국에서 2년도 살다 왔는데 한 달
쯤이야. 게다가 하와이에서 지내다 오는 것이라면 두려울 게 없었
다. 오히려 겨울에 추위에 떨지 않고 따뜻한 하와이에서 마음껏 힐
링할 수 있다고 생각하니 가기 전부터 온통 하와이 생각에 들떴다.
하와이 현지 시각으로 12월 31일 오전에 도착해 연말 연초를 하와
이에서 보냈다. 자정이 되자, 밖에서는 폭죽 소리가 요란했다. 1장

에서 소개한 것처럼 하와이에서 맞이한 2018년은 나에게 특별한 한 해가 되었다. 하와이는 다시 찾아온 나에게 상상하지 못했던 큰 선물을 주었으니까.

먼저, 그 당시 하와이 일주일 여행 경비가 어느 정도였는지 예시로 계산해 보면 대략 이렇다. 2018년 기준인 데다 대략적인 금액이기 때문에 현재 시점에는 물가가 올라 더 많은 비용이 들 것으로 예상된다. 또한 선택한 호텔이나 여행 스케줄에 따라 사람마다 차이가 있을 수 있다. 그때를 기준으로 환율까지 생각하면 500~600만 원 정도 되는 비용이다. 맛집에서 비싼 요리를 먹고, 투어 비용을 더 지출하거나 좀 그럴듯한 숙소에서 잔다면 한화로 약 600만 원은 금방 넘어갈 것이다. 쇼핑까지 더하면 그 이상의 경비가 소요된다.

BOARDING PASS

항공권 $1000 내외

숙소 $30~

투어 $50~

렌터카 $30~

식비 $30~

하와이 한 달 살기 준비 과정의 큰 틀은 이러했다. 항공권부터 예매하고 숙소를 알아본 뒤 나머지는 그때그때 마음 가는 대로 해결해 보기로 했다. 항공권 예약 홈페이지에서 가장 저렴한 날짜를 선택하여 예매했기 때문에 왕복 80만 원도 안 되는 비용으로 예약할 수 있었다. 비행기표를 6개월 전에 예매해 저렴한 가격에 예매가 가능했다. 여행 경비에서 항공권과 숙소가 큰 부분을 차지하므로 이 두 가지 비용을 최대한 줄이려고 노력했다. 교통수단은 주로 버스를 이용하고, 민박집에서 하루 한두 끼는 간단한 요리를 해 먹기도 하니 일반적으로 하와이 일주일 여행에 드는 경비로 한 달을 살았다. 물론 일주일 왔다 가는 사람들은 짧은 기간에 여러 투어를 하고 맛집을 자주 가니 그만큼 비용이 많이 드는 것도 있다. 비용이 좀 비싼 투어는 스쿠터를 타고 물속을 체험하는 상품이 140달러 정도하고 헬기 투어라도 하게 되면 투어 한 번에 약 300달러인데 일주일간 매일 투어 한두 개씩 한다면 못해도 1천 달러는 투어 비용으로 쓰게 된다. 물론 저렴한 투어도 많으니 선택에 따라 투어 비용을 절약할 수 있다.

예전부터 크루즈 여행을 가보는 것이 로망이라 하와이에 머무는 동안 가능한 크루즈 일정도 검색해 보았다. 내 여행 계획을 들은 직장 동료 두 분이 함께 가자는 제안을 해 3인실을 예약했다. 여기저기 검색하다가 '크루즈 인터내셔널'이라는 사이트에서 진행 중인 프로모션으로 1인당 약 1,189달러에 예약할 수 있었다. 일주일 숙박비도 안 되는 가격인데 하와이의 섬들을 돌고, 식사도 포함이니 가성비가 너무 좋았다. 이렇게 큰 틀을 잡아 놓고 나서 크루즈 여행이 잡힌 1월 셋째 주를 제외한 1월 첫째 주와 둘째 주, 넷째 주에 머물 숙소를 예약했다. 크루즈 여행 중에 각 섬에 내릴 때마다 각자 원하는 대로 여행할 수 있어 각 섬에서 하고 싶은 투어를 예약하고 나머지 모든 일정은 현지에서 발길 닿는 대로 마음 가는 대로 정했다. 스마트폰 유심칩은 인터넷이 무제한으로 되는 것으로 한국에서 미리 구입해 하와이에 머무는 동안 유용하게 잘 썼다. 항상 구글맵을 보고 찾아다녀야 하고, 중간중간 필요한 정보를 검색할 일이 많아 유심칩에 인터넷 무제한 옵션은 필수다. 유심칩을 쓰니 미국 전화번호가 부여되어서 전화로 투어 상품 예약과 변경도 할 수 있고 방문하려는 식당이 문을 열었는지 확인해 보는 등 여러모로 편리했다.

숙소 예약하기

첫 2주간의 숙소 예약은 한인 민박으로 했다. 한 달간 지내다 보면 혹시 누군가의 도움이 급히 필요할 수도 있고, 워낙 음식을 가리지 않는 편이기는 하나 한식이 생각나는 날도 종종 있을 테니 한인 마트나 식당 관련 정보도 얻을 수 있을 것이라 생각했다. 또 다른 이유는 조리가 가능해 밖에 나가기 귀찮은 날은 숙소에서 간단히 식사를 해결할 수도 있고 장기간 있다 보니 빨래도 가능해야 했다. 내가 예약한 방은 2인실이었는데 2인실이라고 하기엔 침대가 한 개

뿐인데 좀 작아 보였다. 숙소는 와이키키 중심가에서 약간 떨어져 있어 저렴한 편이었다. 그래도 와이키키 중심가나 마트가 전부 버스로 몇 정거장 이내의 거리였다. 내 방의 가격은 13박에 780달러였고 보증금 100달러, 퇴실 시 청소비가 20달러였다. 여러 명이 같이 머무는 다인실은 훨씬 저렴했다.

마지막 주 숙소는 프라이스라인(www.priceline.com)에서 예약했다. 홈페이지에서 이메일 주소를 등록하고 익스프레스 딜 쿠폰(10%

할인)을 받았다. 11박에 리조트 요금과 세금 포함 약 1,261달러였는데, 크루즈 여행을 같이 다녀온 지인과 함께 나누어 냈기 때문에 인당 630달러를 지불했다. 와이키키 해변 바로 앞 골목에 있는 스테이 호텔(Stay Hotel Waikiki)을 이용했는데, 직원들도 친절하고 부기 보드와 튜브 같은 물놀이 용품을 무료로 대여할 수 있었다. 해변에서 놀다가 바로 호텔로 들어가 씻을 수 있고, 바로 옆 킹스 빌리지에서는 파머스 마켓(Farmer's Market)도 정해진 요일에 오후 4시부터 9시까지 열려, 다양한 현지 먹거리들을 구입할 수 있었다. 와이키키에 놀러 온 관광객에게는 가성비 좋은 최상의 숙소였다. 현재는 이 파머스 마켓이 킹스 빌리지가 아닌 건너편에 있는 하얏트 리젠시 1층에서 열린다. 파머스 마켓은 한국의 오일장과 비슷한 개념인데, 요즘은 매주 월요일, 수요일만 오후 4시부터 8시까지 운영한다. 이 일정은 바뀔 때가 있어 가기 전 구글에 검색해서 확인하면 좋다. 이렇게 해서 한 달간 숙박비는 총 약 1,431달러가 들었다.

하와이 한 달 살기 알뜰 팁

교통은 더 버스(The Bus)를 주로 이용하고 가끔 우버(Uber)를 탔다. 어차피 쉬러 간 거라 급할 게 없으니 여기저기 구경하며 많이 걸어 다니기도 했다. 더 버스 요금은 2018년부터 5.5달러로 인상되었다.

참고로 월권은 80달러인데, 해당 달에만 사용할 수 있기 때문에 그 달에 남은 날짜를 잘 따져보고 구매해야 한다. 예를 들어 1월 말일에 월권을 구매해도, 2월에는 사용할 수가 없다. 일일권은 버스를 탈 때 버스 기사에게 원 데이 패스(one day pass)를 달라고 하면 바로 구매할 수 있었고, 월권을 판매하는 곳은 여러 군데가 있지만 세븐일레븐이 가장 찾기 쉬운 구입처였다. 2021년 6월 1일부터 홀로(HOLO) 카드로 결제하는 방식으로 바뀌어 종이 티켓은 사라지고 없다. 참고로, 구글맵을 이용하면 버스 타는 곳과 실시간 버스의 위치 확인이 가능해 버스 이용에 어려움이 없을 것이다.

교통수단 한 가지를 더 소개하자면, 비키(BIKI)라는 무인 자전거 대여 시스템이다. 비키를 이용해 호놀룰루 전역에서 간편하게 자전거를 대여해 이동할 수 있다. 30분에 4.5달러, 300분에 30달러를 현장에서 신용카드로 지불하고 이용할 수 있다. 기계에 한국어가 지원되기 때문에 사용하기 쉽다. 비키 앱을 깔면 호놀룰루 전 지역 자전거 스테이션 위치와 이용 가능한 자전거 수가 뜨고 대여료 결제도 가능하다. 지도상 가까운 위치의 자전거를 빌려 타고, 다 사용한 후에는 근처 스테이션에 반납만 하면 된다. 자전거 도로가 있긴 하지만 복잡한 도로에서는 위험할 수 있어, 한적한 도로에서 빠르게 이동하기 좋다. 평소 자전거 타는 것을 즐긴다면 300분짜리를 구매하는 것도 괜찮다. 또는 12달러짜리 종일권도 있는데 한 번에

30분 이내로 탑승 가능하다. 짧게 여러 번 이용한다면 종일권을 추천한다.

많이 걷고, 주로 버스를 이용하다 보니 교통비는 적게 들었다. 버스카드 한 장으로 웬만한 곳은 다 다닐 수 있었다. 렌터카는 이틀 빌려 탔는데 차종에 따라 비용은 다르지만, 한인 업체에서 소형차를 하루에 약 50달러로 저렴하게 빌릴 수 있었다. 와이키키 주변은 주차비가 상당히 비싸 자동차는 필요할 때 하루 빌려 타고 바로 반납하는 것이 제일 좋다. 공항과 숙소 왕복 셔틀은 셔틀 회사에 따라 요금이 다르며 나는 로버츠 하와이에서 24달러에 예약을 했다. 검색하면 이것보다 저렴한 셔틀도 있다. 이렇게 해서 와이키키에 머무는 동안 교통비는 대략 200달러를 썼다.

민박텔에서는 요리가 가능해 장을 봐서 해 먹는 날이 많았다. 숙소에서 걸어서 15분 거리에 한인들을 위한 식재료를 파는 팔라마 슈퍼마켓과 일본 식재료를 파는 돈키호테라는 마트가 있어 입맛에 맞는 반찬을 사다 먹을 수 있었다. 한인 마트 정육점에서는 한국처럼 고기를 원하는 대로 썰어준다. 양념된 고기도 팔고, 김밥, 순대, 족발까지 웬만한 것은 다 있어 먹는 문제로 걱정할 일은 없었다. 또 마트에서 작은 카트를 구매해 매번 유용하게 사용했다. 어떤 날은 하루 종일 숙소에서 밥을 해 먹으며 핸드폰으로 밀렸던 드라마를 보며 쉬기도 했다. 어떤 날은 여기저기 쏘다니며 맛집도 가보고, 중국 마켓 구경을 갔다가 과일을 저렴하게 살 수도 있었다. 미국 음식점은 2인분 같은 1인분을 주기 때문에 항상 사 먹고 남은 음식을 투고 박스에 담아와 한 끼를 더 해결할 수 있었다. 크루즈 여행을 갔던 일주일은 배 안에서 하루 종일 음식이 무료 제공되어 식비가 따로 들지 않았다.

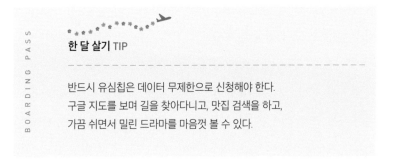

한 달 살기 TIP

반드시 유심칩은 데이터 무제한으로 신청해야 한다.
구글 지도를 보며 길을 찾아다니고, 맛집 검색을 하고,
가끔 쉬면서 밀린 드라마를 마음껏 볼 수 있다.

여행이 아니라
일상인 것처럼

하와이 한 달 살기를 계획할 때 나 역시 처음이었기 때문에 여러 여행 책자를 참고했다. 어디 가서 뭘 사 먹었더니 맛있더라, 이것은 꼭 사와야 한다, 여기 가보니까 좋더라 등등 책에 있는 것들을 하나하나 밑줄 치며 찾아다니기도 했다. 책에서 추천하는 것들은 모두 개인적인 의견이 반영된 것이라 추천 음식이 꼭 내 입맛에 맞는 것도 아니고, 추천한 장소가 생각보다 별로일 수도 있다. 실제로 현지에 와서 내 입맛에 훨씬 맞는 식당을 발견하기도 했다. 한 여행서에서 차이나타운 길거리 시장에서 브레드프루트라는 과일을 샀는데 너무 맛있다며 추천해 일부러 차이나타운까지 사러 다녀온 적이 있었다. 그런데 이집 저집 다 물어봐도 오히려 상인들은 브레드프

루트가 무슨 과일이냐는 반응이었다. 그러다가 어느 가게에서 겨우 발견해 사 왔는데, 기대 이하의 맛이었다. 결국 반도 못 먹고 버렸다. 게다가 책에는 그 과일을 어떻게 먹어야 하는지 적혀 있지 않았는데, 열로 익혀 먹어야 하는 과일을 생으로 먹은 것이다. 며칠 지나지 않아 토사곽란(吐瀉亂)의 밤을 보내야만 했다. 또한 책에서 추천했던 쿠쿠이 샴푸를 구하러 다녔으나 어느 마트에 가도 보이지 않았다. 나중에 아마존에서 구매해 사용해 봤지만, 책의 설명만큼 그렇게 만족스럽지 않았다. 경험상 여행 책자에 나온 내용을 너무 맹신하고 책에 있는 내용대로 할 필요는 없다. 현지에서 충분히 더 좋은 맛집을 찾을 수 있다. 또한 코로나19 이후로 문을 닫거나 새로 생긴 곳들도 많다. 심지어는 관광 명소들의 입장료도 코로나19 이후로 전부 인상되었다. 하와이에 새로 생긴 '루프탑 베이커리 카페'와 '밀리언'이라는 한인 식당에 대한 소식이 최근 지역 신문에 올라오기도 했다.

2주라는 시간은 생각보다 빨리 지나갔다. 숙소 주변을 탐색하고, 시차 적응을 하다 보니 며칠이 금방 지나갔다. 매주 금요일 저녁 7시 45분이면 힐튼 호텔에서 5분 동안 불꽃놀이를 해서 금요일마다 보러 갔었다. 코로나19 이후로 한동안 불꽃놀이가 중단되었는데 최근 다시 시작했다. 같은 민박집에 머무는 다른 여행객 가족과 함께 와이키키 해변이나 힐튼 하와이안 빌리지 라군 타워에 가서 수

영도 했다. 하루는 해변 선베드에 누워 이런저런 생각을 하면서 노을 지는 하늘을 한참 구경한 날도 있었다. 선셋 투어를 나가는 요트들이 바쁘게 오가는 모습을 보며, 언젠가 사랑하는 사람과 저 요트를 타고 이 비현실적으로 아름다운 풍경을 함께 즐기는 상상을 하기도 했다. 한번은 하와이 대학(University of Hawaii at Manoa) 캠퍼스를 구경하다가 음악대학 쪽에 학생들의 무료 공연 포스터가 붙어 있는 것을 발견해 저녁에 공연을 보러 가기도 했다.

호놀룰루에 있는 알라와이 골프 코스도 가봤다. 신분증을 보여주고 등록한 후 대기하고 있으면, 알아서 팀을 짜주어 혼자 가도 게임을 할 수가 있었다. 할아버지 세 분과 한 팀이 되어 게임을 했는데 할아버지들은 모두 골프백을 메고 9홀 내내 걸어 다니셨다. 나 혼

알라와이 골프(Ala Wai Golf)
404 Kapahulu Ave, Honolulu, HI 96815 미국
+18087337387

자만 카트를 대여해서 끌고 다녔는데도 할아버지들을 따라다니기 바빴다. 그러다 보니 한 번은 7번 아이언을 내팽개쳐 놓고 다음 홀로 넘어가 다음 팀에서 갖다준 해프닝도 있었다. 아직 한참 모자란 실력이지만, 마음 좋은 할아버지들은 공이 조금만 잘 떠도 박수를 치며 "굿 샷!"을 외쳤다. 바닷가에서도 해양 스포츠를 즐기는 노인들을 자주 볼 수 있었는데 하와이는 은퇴 후에도 건강하고 활기찬 노년을 보내기에 적합한 곳이라고 생각했다.

아침에 일어나 오늘은 어디를 가볼까 하다가 호놀룰루 미술관(Honolulu Museum of Art)에 간 적이 있다. 마침, 매달 첫째 주 수요일과 셋째 주 일요일은 무료 입장이 가능해 운 좋게도 무료 관람을 할 수 있었다. 이렇게 한겨울에도 추위 걱정 없이 일상을 여유롭게 즐기는 것 자체로 하와이 한 달 살기는 성공적이었다.

인생 처음
크루즈 여행을
하다

크루즈 여행은 밤에 자는 동안 배가 이동하고, 각 섬에 아침에 도착하면 자유롭게 투어하는 방식이었다. 투어는 알아서 예약하거나, 크루즈 내에 있는 안내소에서도 예약할 수 있었다. 배 안에서 먹고 자는 것이 모두 해결되는 데다가 자고 일어나면 매일 새로운 곳에 와 있으니 하루하루가 기대되었다. 혹시 뱃멀미할까 걱정했지만 배가 워낙 커서 배의 흔들림은 거의 느껴지지 않았다. 예약할 때 수영장이 있는 층으로 배정을 요청해 저녁마다 태평양 한가운데서 노천탕을 즐기는 호사를 누렸다. 마치 내가 〈타이타닉〉 영화에 들어가 있는 것 같았다. 매일 저녁, 익일 배 안에서 진행되는 프로그램 안내 신문이 배달되었는데 각종 공연과 전시회, 훌라 클래스, 그

림 그리기 클래스, 아쿠아로빅 클래스 등등 너무 많아 한두 가지만 골라서 해야 했다. 미술 클래스에서 그림도 그리고, 미술 전시회, 훌라 공연, 마술 쇼 관람을 했다. 그림 전시장에서는 경매 진행도 하고, 배 안에 기념품점이 있어 쇼핑도 가능했다.

식사는 정해진 시간 없이 24시간 뷔페가 준비되어 있어 내가 먹고 싶을 때 먹으러 갈 수 있었다. 매일 메뉴가 바뀌는 레스토랑이 따로 있었는데 그곳은 식사 시간에 맞춰 가면 그날의 메뉴를 먹을 수 있었다. 물론 다 크루즈 비용에 포함되어 부담 없이 모든 메뉴를 맛볼 수 있었다. 식사 중에 라이브 공연도 볼 수 있어 입과 귀가 동시에 호강했다. 다 먹고 나면 갑판에 나가 태평양 바다를 보며 산책을 하

고, 전시회 구경도 하고, 저녁마다 이벤트가 있으니 배를 타고 이동
하는 동안 지루할 틈이 없었다. 태평양 한가운데 배 안에서 아침 식
사를 하며 캐나다에서 온 노부부와 북한에 대해 토론할 일이 앞으
로 또 있을까. 하루하루가 새로운 경험이었다.

ITINERARY

Sat	13-Jan	7:00pm				SHIP DEPARTS HONOLULU, HAWAII, US
Sun	14-Jan	8:00am	Mon	15-Jan	6:00 pm	KAHULUI (MAUI), HAWAII, US
Tue	16-Jan	8:00am	Tue	16-Jan	6:00 pm	HILO, HAWAII, US
Wed	17-Jan	7:00am	Wed	17-Jan	5:30 pm	KONA, HAWAII, US
Thu	18-Jan	10:00am	Fri	19-Jan	2:00 pm	NAWILIWILI (KAUAI), HAWAII, US
Fri	19-Jan	2:01pm				AFTERNOON CRUISE OF THE NAPALI COAST
Sat	20-Jan	7:00am				SHIP ARRIVES AT HONOLULU, HAWAII, US

| NCL 크루즈 예약 확정서

하와이 섬 투어 - 마우이, 빅아일랜드, 카우아이

웨일 와칭 투어

첫날, 마우이에서 기상 악화로 정박이 늦어져 오전 몰로키니 스노 클링 투어는 취소가 되고 오후에 혹등고래 투어를 했다. 보트를 타고 혹등고래가 자주 출몰하는 지역으로 이동해 기다리다 보면 고래가 나타나 점프를 하는 광경도 가까이서 볼 수 있다. 취소된 스노 클링은 아쉽지만 고래를 가까이에서 볼 수 있다는 기대에 잔뜩 부풀어 배에 올라탔다. 배의 맨 앞쪽에 자리 잡고 앉아 시원한 바람을 맞으며 피부가 새카맣게 타는 줄도 모르고 30분 정도 이동했다.

고래 출몰 지점에 도착하자 배의 엔진을 껐다. 소리가 나면 고래가 바로 도망갈 수도 있다고 해서 모두가 한마음으로 숨을 죽이고 기다렸다. 드디어 고래 한 마리가 배 가까이 다가왔다. 그 순간 쨍그랑하며 무언가 떨어지는 소리가 배 위에 우렁차게 들리면서 고래가 달아났다. 무슨 일인가 보니 어떤 여자분이 들고 있던 열쇠고리를 실수로 바닥에 떨어뜨린 것이었다. 일생에 한 번 있을까 말까 한 기회를 놓쳐 속으로 너무 화가 났지만, 아무도 그 여자분을 탓하거나 뭐라고 하는 사람은 없었다. 고래가 다시 오길 더 기다렸다가 돌아갈 시간이 되어 아쉽게 배를 돌려야 했다. 크루즈 여행 내내 갑판에 나가 바다를 한참 응시하다 보면 가끔 아주 멀리서 고래가 물 밖으로 튀어 오르는 게 보이기도 했다.

헬리콥터 투어

빅아일랜드 힐로에서는 벼르고 벼르던 헬리콥터 투어를 했다. 갑자기 고도가 높아져서 그런지 머리가 좀 아팠지만 멋진 광경을 보기 위해서라면 참을 만했다. 화산에서 용암이 끓고 있는 것을 하늘에서 직접 내려다보니 과학 다큐멘터리의 한 장면 같았다. 눈앞에서 보고 있지만 지구상에 이런 게 실제로 있다는 자체가 신기하고 경이로웠다. 저 용암이 흘러가면 바닷물과 만나 식으면서 빅아일랜드의 땅이 넓어진다고 한다. 30분이 순식간에 지나가 버려 너무 아쉬웠다. 직접 걸어가서 보는 투어, 배를 타고 가서 바다로 떨어지는 용암을 보는 투어도 있었지만, 두 가지 모두 시간 여유를 두고 해야 해서 헬기 투어로 만족하기로 했다. 참고로 보트 투어는 시기에 따라 용암이 바다로 떨어지는 모습을 볼 수 있을 때도 있고 없을 때도 있다. 또 용암이 떨어지는 곳 가까이 갈수록 파도가 심해져 뱃멀미를 할 수도 있으니 기호에 맞게 선택하면 된다. 워킹 투어의 경우 4시간 이상 고르지 못한 표면을 걸어야 하기 때문에 시간과 체력을 고려해 자신에게 맞는 투어를 선택하는 것이 좋다.

커피 농장 투어

커피가 유명한 코나에서는 커피 농장 투어를 했다. 배에서 내리니,

투어 차들이 여러 대 서 있었다. 즉석에서 원하는 투어를 선택해 타고 가면 되는데 마침 자리가 빈 차가 있었다. 가격도 저렴하고 커피 농장 몇 군데를 돈다고 해 얼른 그 차에 합류했다. 처음 들른 커피 농장에서는 커피가 만들어지는 과정을 보고 들을 수 있었다. 다음에 들른 두 군데는 코나 커피를 종류별로 맛보고 구매도 할 수 있는 곳이었는데 커피 종류가 너무 많아서 다 시음해 보지는 못했다. 어떤 사람들은 맛이 좋은 커피를 마시면 한 모금을 마시고 바로 감탄을 하며 맛을 평가한다. 나는 커피에 대해 잘 아는 편이 아니고 입맛에 맞으면 마시는 정도지만 커피 향만큼은 남다르다는 것을 느낄 수 있었다. 설명에 의하면 그곳의 모든 커피가 볶은 지 며칠 안 된 커피라 맛이 더 좋다고 했다. 아무래도 현지에서만 살 수 있는 신선한 코나 커피이니 맛본 것 중에 가장 마음에 드는 두 가지를 선

물용으로 구매했다. 배에서 내릴 때마다 새로운 곳을 여유롭게 돌아보고 다시 돌아와 쉬면 되니 힘들지도 않고 참 편했다. 그래서인지 배 안에는 휠체어를 탄 노인들도 보였다. 배가 정박을 할 때마다 골프채를 들고 내리며 그 곳의 유명한 골프 코스를 찾아다니는 사람들도 있었다. 하와이 섬마다 골프장들이 워낙 아름답기로 유명해 골프광이라면 모든 섬의 아름다운 골프 코스를 일주일 안에 섭렵할 수 있는 좋은 기회이기도 하다.

카우아이 투어

카우아이 투어는 유일하게 한인 여행사를 통해 예약했다. 처음 들른 곳은 하나페페 올드타운이었는데 스윙인 브릿지라는 나무로 된

출렁다리가 있었다. 하와이 섬을 최초로 발견한 제임스 쿡 선장과 선원들이 정착했던 곳이다. 현재는 갤러리와 작업실들이 있는 예술가 마을이라고 했다. 역사가 깊은 조용한 시골 마을의 소박한 풍경에 취해 다리 한가운데서 멍하게 강 저편을 바라보며 한참 서 있었다. 매서운 한국의 겨울 날씨에서 벗어나 햇빛을 듬뿍 받으며 머리를 비우니 머릿속이 맑고 깨끗한 공기들로 다시 채워지며 몸과 마음이 정화되는 느낌이었다. 간단히 점심을 먹고 와이메아 캐니언으로 이동했다. 그곳에는 이미 도착한 다른 관광객들이 멋진 광경을 최대한 담기 위해 열심히 사진을 찍고 있었다. 그랜드 캐니언의 축소판 같은 광경에 그랜드 캐니언을 처음 마주했을 때 벅찬 감동이 다시 떠올랐다. 열심히 사진을 찍고 내려오는 길에 저 멀리 보이는 하늘과 바다 사이의 수평선이 구분되지 않는 멋진 풍경이 펼

와이메아 캐니언 주립 공원(Waimea Canyon State Park)
Waimea Canyon Dr, Waimea, HI 96796 미국
+18082743444

쳐졌다. 가이드 말로는 평소에는 흐린 날이 많아 저런 풍경을 볼 수 있는 경우가 드물다며 우리가 아주 운이 좋다고 했다.

포이푸 비치

크루즈로 돌아오는 길에 카우아이에서 가장 유명한 리조트 해변인 포이푸 비치에서 1시간 정도 해수욕 시간이 주어졌다. 해변가에 물개와 바다거북들이 나와 햇빛을 쬐고 있었다. 사람들이 주변에 왔다 갔다 해도 신경 쓰지 않고 미동도 하지 않았다. 주변으로는 금지선이 세워져 있어 일정 거리 이상은 다가갈 수 없었다. 워낙 스노클링하기 좋은 유명한 해변이라 그 짧은 시간에 바닷물에 몸을 담그겠다고 들어가서 수영을 했다. 바닷물 깊이도 적당하고 다양한 해

양 생물들이 있어 1시간이 짧게 느껴졌다. 포이푸 비치 바닷속 풍경에 정신이 팔린 사이 항상 몸에 지니고 다니던 금목걸이가 끊어져 분실되고 말았다. 옷을 갈아입고 공항으로 가는 차 안에서 정신을 차리고 보니 목이 허전했다. 경비행기 투어 시간도 다가오고 어디에 떨어져 있을지 모르는데 찾으러 가는 것은 무리였다. 영화 〈쥬라기 공원〉과 〈아바타〉의 배경이 되었던 신들의 정원에 재물을

포이푸 비치(Poipu Beach)
Koloa, HI 96756

바쳤으니 하와이 신이 나에게 복을 베풀 것이라 믿기로 했다.

나팔리 코스트 주립공원

마지막으로 경비행기를 타고 나팔리 코스트(Na pali Coast)를 쭉 돌아봤다. 마치 〈쥬라기 공원〉의 한 장면으로 들어온 듯한 착각이 들어 저 멀리 어디선가 공룡이 보일 것만 같았다. 이렇게 아름다운 대자연 속에서 날고 있다는 것에 대한 벅찬 감동과 여행 막바지가 다가온다는 아쉬움이 교차했다. 크루즈 선이 이날 저녁 여행의 피날레로 나팔리 코스트 옆을 지나갔다. 나팔리 코스트의 길이가 워낙 길어 배가 한참을 가도록 끝나지 않았다. 모든 사람이 밖으로 나와 나팔리 코스트 끝자락에 지는 해를 바라보며 감탄사를 쏟아냈다. 배를 타고 멀리서 봤는데도, 너무나 거대해서 카메라에 다 담을 수가 없었다. 태어나서 죽기 전에 이런 광경을 볼 수 있어 참 행운이라는 생각을 했다.

나팔리 코스트 주립공원(Nā Pali Coast State Wilderness Park)
Wainiha, Kauai, HI 96746
+1 808-335-6833

멋진 광경을 실컷 구경하고 들어오니 미술품 경매가 시작되었다. 전시된 그림들을 쭉 돌아보고, 경매 과정도 쭉 지켜보다가 둘러봤던 그림 중 마음에 드는 한 점을 두고 한참이나 구입을 망설였다. 그 앞에 앉아 찬찬히 들여다보며 고민하다가 도저히 캐리어와 함께 그림을 들고 갈 엄두가 나지 않아 마음에 담아 두기로 했다. 배에서 내리기 전 마지막으로 미술 클래스에 가봤다. 바다 위에서 이모든 감동을 도화지에 남기고 싶었다. 캔버스, 액자와 붓, 물감이 준비되어 있었고, 내가 느끼는 대로 그리고 싶은 그림을 그리라고 했다. 어설픈 실력이지만 무작정 가서 붓을 들고 마음 가는 대로 문질렀다. 잘 그린 그림은 아니지만 여유로운 여행의 일부라는 그 자체로 만족스러웠다. 옆에 앉아서 그리고 있던 여자는 내가 붓질을

과감하게 하고 있으니 실력자인 줄 알았는지 옆에서 내 그림을 열심히 들여다보았다. 각자 그간의 감동을 집중해서 도화지에 담아내며 크루즈 여행의 마지막 저녁을 마무리했다.

토요일 아침에 배에서 내릴 때 일주일 치 영화 한 편을 찍고 온 것 같은 기분이었다. 이렇게 크루즈 여행 중 추가 지출은 마우이 웨일 왓칭 50달러, 빅아일랜드 힐로에서 헬리콥터 투어 240달러와 렌터카 30달러, 코나 단체 투어 50달러, 카우아이 단체 투어 78.5달러, 경비행기 투어 160달러로 총 608.5달러였다.

엄마와 단둘이 첫 여행

가족과 가기 좋은 스팟

엄마가 공항에 내린 후 호텔까지 타고 올 수 있는 셔틀을 미리 예매해 두었지만, 혼자 해외여행이 처음인 엄마가 누군가의 도움 없이호텔까지 잘 찾아오실 수 있을지 의문이었다. 하지만, 걱정과는 달리 호텔 이름을 알아듣고 내려 도착했다며 SNS 보이스톡으로 연락이 왔다. 엄마는 첫 하와이 여행에 한껏 들떠 있었다. 짐을 풀고 점심으로 바로 근처에 있는 치즈버거 인 파라다이스에 가서 수제 버거를 먹었다. 한입에 물 수 없을 만큼 두툼하고 커다란 햄버거에 주스까지 먹고 나니 열심히 걸을 에너지가 충전되었다. 한식 파인 엄마도 여긴 햄버거도 다르다며 맛있게 잘 드셨다. 와이키키 비치 옆 오픈 테이블에 앉아 먹는 두툼한 소고기 패티가 들어간 수제 버거는 맛이 없을 리가 없다. 숙소 앞 해변에 있는 랜드마크 듀크 카하나모쿠(Duke Kahanamoku) 동상 앞에서 인증 사진도 찍었다. 해변가를 거닐며 서핑하는 사람들, 모래사장에 누워 태닝하는 사람들 모습만 봐도 마냥 즐거웠다. 해변에는 시간마다 작은 요트가 들어오는데 현장에서 1인당 20달러씩 돈을 지불하고 투어를 갈 수 있다(가격 변동 가능). 와이키키에 있는 로스(Ross)와 노드스트롬 랙

(Nordstrom rack)에서 간단한 쇼핑도 하고 해변에 발도 담그며 여유롭게 시간을 보내다 보니 저녁 시간이 되었다.

모든 곳이 숙소 주변이라 많이 걸을 필요도 없고 숙소 선택이 참 좋았다. 저녁에는 숙소 맞은편 아웃리거 호텔 1층에 있는 듀크스 와이키키(Duke's Waikiki)라는 레스토랑에 갔다. 이곳은 해변에 바로 붙어 있어 해변에서 식사하는 분위기를 제대로 느낄 수 있었다. 사이즈가 남달라 스테이크 하나를 둘이 나눠 먹어도 딱 맞았다. 스테

듀크스 와이키키(Duke's Waikiki)
2335 Kalākaua Ave #116, Honolulu, HI 96815 미국
+18089222268

이크, 샐러드를 하나씩 주문했는데 맛은 있었지만 우리 입에는 스테이크가 너무 짰다. 서버에게 음식이 너무 짜니 소금을 넣지 않은 것으로 달라고 요청했는데 미리 기본 간을 해서 준비해 놓는지 다시 나온 스테이크 역시 짜긴 마찬가지였다.

다음 날 아침 스노클링을 예약해 두어 시차 적응도 안 된 엄마를 끌고 선착장으로 나갔다. 하필 이날 날씨가 흐려 공기가 따뜻하지 않았다. 예전에 하와이에서 한 스노클링의 기억이 너무 좋아 이번에도 제일 첫 번째 코스로 스노클링을 잡았는데 날씨가 따라 주지 않아 아쉬웠다. 하와이의 겨울 날씨는 한국의 6월 날씨와 비슷해서 낮에는 따뜻하지만, 아침저녁으로는 카디건을 걸쳐주어야 한다. 그래서 흐린 날 수영하기에는 좀 썰렁한 듯했다. 겨울에 흐린 날은 살짝 썰렁할 수 있고 맑은 날에는 하와이 햇빛이 강해 바다 수영을 하면 금방 새카맣게 타기 때문에 긴 래시가드 입는 걸 추천한다. 출발 전 사진 속 엄마의 표정이 밝아 보이지만 돌아올 때는 추워서 많이 지쳐 있었다. 어른을 모시고 갈 때는 바닥이 유리로 된 배를 타고 바닷속을 들여다보는 체험 같은 가벼운 활동을 추천한다. 그리고 알라모아나 비치 파크 선착장에 가면 해양 레저 업체들이 모여

있다. 잠깐 방문해 마음에 드는 업체로 예약하고 날씨도 확인해 날짜 변경을 했다면 좀 더 만족스러운 하루가 되었을 것이다.

스노클링을 하고 돌아와 저녁에는 숙소 뒤편 킹스 빌리지(Kings village)에서 하는 파머스 마켓 구경을 갔다. 각종 자잘한 하와이 특유의 기념품과 액세서리도 팔고 한국의 장날처럼 다양한 먹을거리도 팔아서 구경하는 재미가 있었다. 다양한 하와이 꿀을 파는 코너도 있었는데 시식도 할 수 있었다. 다 똑같은 꿀 같은데 맛이 참 다양했다. 엄마는 안경집이 필요하다며 하와이안 퀼트 문양이 들어간 귀엽고 빨간 안경집을 하나 사셨는데 한국에 돌아온 뒤에 한 개 더 살 걸 그랬다며 후회하셨다. 내가 하와이에 다시 방문했을 때 파머스 마켓에 가서 똑같은 안경집을 찾아봤지만 찾을 수가 없었다. 다시 갔을 땐 똑같은 것이 없을 가능성이 크기 때문에 돌아다니다가 마음에 드는 게 있으면 그 자리에서 사야 한다. 주먹밥도 있고, 과일 종류도 여러 가지 있어서 아침에 간단히 먹을거리를 샀다. 주먹밥은 쌀이라 엄마 입에도 잘 맞아서 좋아하셨다. 애플망고는 한국에서 먹던 것과는 차원이 다르게 맛있었다. 엄마는 하와이에서 경험한 많은 것 중 파머스 마켓이 제일 기억에 남는다며 두고두고 이야기하신다.

72번 국도와 마카푸우 전망대

다음 날 아침은 렌터카를 빌려 쿠알로아 랜치(Kualoa Ranch)와 폴리네시안 문화센터(Polynesian Cultural Center)를 돌아보기로 했다. 이곳은 홈페이지에서 미리 예약해야 한다. 렌터카는 제일 저렴한 가격을 열심히 검색해 한인 업체에 전화로 예약하고 아침 8시쯤 차를 픽업하러 갔다. 하와이에 머무는 동안 항상 핸드폰 검색은 필수였다. 앞에서도 언급했지만 유심칩은 데이터 무제한인 것으로 사는 것이 가장 편리하다. 72번 국도를 타고 쿠알로아 랜치로 가는 길 해안가 풍경이 기가 막혔다. 중간에 라나이 전망대에도 잠깐 서서 사진 찍고, 또 가다 보면 할로나 비치 코브(Halona Beach Cove)도 보이고, 유명한 마카푸우 전망대(Makapu'u Lookout)도 지나가는데, 마카푸우 전망대에 올라가면 혹등고래를 볼 수 있는 스팟이 있다. 혹등고래는 겨울 시즌에 더 자주 보여 산책 삼아 올라 갔다 오면 좋

마카푸우 전망대(Makapu'u Lookout)
Kalaniana'ole Hwy, Waimanalo, HI 96795 미국

다. 한 예능 프로그램에서 축구선수와 그의 딸이 이곳을 지나며 부녀만의 시간을 보내는 장면이 나오기도 했다. 우리는 예약 시간에 도착하기 위해 중간 지점들을 눈으로만 찍고 지나가기로 했다. 이렇게 남겨 두면 나중에 다시 왔을 때 또 다른 새로운 여행이 될 수도 있다.

쿠알로아 랜치(Kualoa Ranch)
49-560 Kamehameha Hwy, Kaneohe, HI 96744 미국
+18082377321

쿠알로아 랜치와 폴리네시안 문화센터

쿠알로아 랜치는 영화 〈쥬라기 공원〉 촬영지다. 실제로 보면 어떤 모습일지 너무 궁금해 빨리 가보고 싶었다. 입구부터 기념품점에는 〈쥬라기 공원〉을 테마로 하는 다양한 물건들이 있어 입장 시간 전에 정신없이 둘러봤다. 쿠알로아 랜치 투어 옵션은 버스, 자전거, ATV, 말타기 등 여러 옵션이 있다. 해가 뜨겁다면 버스를 타고 도는 옵션을 추천한다. 나는 버스를 택했고, 버스가 중간중간 주요 스팟에 멈추면 내려서 구경하고 사진을 찍었다. 공룡 뼈 모형이 널려 있는 곳도 있고, 정글 같은 곳을 지나 영화에서 봤던 것처럼 넓고 푸른 산등성이가 탁 트여진 곳도 있었다.

쿠알로아 랜치에서 1시간 30분 정도 돌고 바로 폴리네시안 문화센터로 이동했다. 이곳은 한국의 민속촌 같았는데, 6개 마을을 돌며 각 부족의 공연을 보았고 전통 문화를 체험할 수 있는 여러 프로그램도 있었다. 카누도 타고, 물 위에서 하는 공연을 보니 '진짜' 하와이를 경험한 것 같았다. 저녁 뷔페가 포함된 패키지도 있었지만 민속촌만 둘러보고 나와 폴리네시안 문화센터에서 그리 멀지 않은 곳에 있는 지오반니 새우 트럭으로 이동했다. 하와이에 왔으니 새우 트럭은 꼭 가야 한다며 열심히 검색해서 찾아갔는데 역시나 사람들이 많았다. 그 옆에 있는 호노스 새우 트럭에서는 유명 아이돌

그룹 BTS가 먹고 갔다고 한다. 근방의 홀리홀리치킨 새우 트럭, 페이머스 카후쿠 새우 트럭도 추천한다. 우리는 갈릭 새우를 주문했고, 밥이 곁들여져 나왔다. 음식을 싸 들고 선셋 비치로 이동해 바닷가에 앉아서 먹기로 했다. 마늘이 들어가 우리 입맛에 딱 맞았고, 한적하고 멋진 해변 풍경을 배경으로 엄마와 해변가에 쓰러져 있는 나무 위에 둘이 앉아 도시락을 까먹고 있으니 더욱 꿀맛이었다.

폴리네시안 문화센터(Polynesian Cultural Center)
55-370 Kamehameha Hwy, Laie, HI 96762 미국
+18003677060

홀리홀리치킨 새우 트럭
56-565 Kamehameha Hwy, Kahuku, HI 96731 미국
+18082776720

하루가 짧아

전날 북쪽으로 열심히 돌았으니 이날은 여유롭게 드라이브하며 돌
아다니기로 했다. 하와이까지 왔으니 로코모코(Loco Moco)는 먹어

봐야 한다며 일어나자마자 하정우 화보에 나왔다는 레인보우 드라
이브 인(Rainbow Drive In)으로 향했다. 마침 다이아몬드 헤드 쪽으
로 가는 길에 있어서 아침을 먹고 다이아몬드 헤드에 올라가 보기
로 했다. 로코모코는 하와이 음식으로 흰 쌀밥에 햄버거 패티와 달
걀 프라이를 얹고 그 위에 그레이비 소스를 뿌려 먹는 음식인데 함
박 스테이크와 비슷해 누구나 부담 없이 먹기 좋다. 엄마도 아침은
밥을 먹어야 든든하다며 좋아하셨다. 배를 채우고 다이아몬드 헤
드에 잠깐 들러 와이키키 전망을 내려다보았다. 수채화 물감으로
칠해 놓은 듯한 하늘과 바다 사이에 장난감 마을처럼 보이는 와이
키키와 바다의 풍경은 한 폭의 그림 같았다. 산꼭대기까지 올라가
지 않고 중간에 전망이 내려다보이는 지점에서 경치 구경만 해도
충분했다. 결혼하고 나서 다시 찾았을 때 다이아몬드 헤드를 등반
했는데 긴 코스는 아니지만 꽤 힘들었다.

레인보우 드라이브 인(Rainbow Drive In)
3308 Kanaina Ave, Honolulu, HI 96815 미국
+18087370177

카할라 힐턴 비치

다이아몬드 헤드에서 내려와 가까운 곳에 있는 카할라 리조트(The
Kahala Hotel & Resort)로 이동했다. 리조트에 잠시 주차를 하고 안으
로 들어가 해변을 걸었다. 차량으로 이동할 경우, 리조트 내 식당이
나 카페 등 기타 시설을 이용하면 일정 시간 무료 주차가 가능하다.
'Parking validation'이 필요하다고 말하면 스티커를 받을 수 있다.

카할라 힐턴 비치(Kahala Hilton Beach)
Honolulu, HI 96816

카할라 비치는 웨딩 촬영을 많이 하는 곳으로 알려져 있으며, 한국 연예인들이 여기서 결혼식을 하기도 했다. 와이키키 비치와 달리 사람들이 붐비지 않는 곳이라 조용히 풍경을 감상하며 걷기 좋았다. 아름답고 조용한 하와이 해변에서 여유롭게 산책을 하니 마음이 편안해진 엄마의 표정이 너무 즐거워 보여 나도 덩달아 행복했다. 걷다 보니 리조트 마당에 돌고래 풀장이 있었다. 돌고래 여러 마리가 수영하며 놀고 있는 것이 보여 다가가 보았다. 사람들을 자주 봐서 그런지 사람 소리에 반응하며 물 밖으로 몸을 내밀기도 했

다. 풀장이 숙소 바로 앞이라 방 안에서도 돌고래가 보일 듯했다. 돌고래와 수영할 수 있는 프로그램도 마련되어 있어 아이 데리고 체험하기도 좋을 것이다.

카일루아 비치와 코올리나 비치

한참 돌고래 구경을 하고 나와 버락 오바마 대통령의 별장이 있다는 카일루아 해변(Kailua Beach)에 가보기로 했다. 미국에서 가장 아름다운 해변 중 한 곳으로 꼽힌다고 하니 큰 기대를 하고 갔다. 하지만 오후에 갑자기 날씨가 흐려지면서 햇빛에 바닷물이 반짝이는 모습을 사진으로 남길 수 없어 아쉬웠다. 이곳은 해양 스포츠를 즐기는 사람들이 많아 카이트 서핑을 하는 사람들도 있고 카약을 타는 사람들도 보였다. 모래사장에 들어서며 신발을 딱 벗는데 모래가 너무 곱고 부드러워 밀가루를 밟고 가는 것 같았다. 날씨 때문에 바람이 많이 불어 모래가 자꾸 눈으로 들어가 오래 머물지는 못했다. 그래도 모래바람을 맞으며 아름다운 해변을 눈에 꼭꼭 담았다.

몇 군데만 돌았는데도 여유롭게 천천히 움직이니 벌써 오후가 훌쩍 지나 있었다. 일몰이 기가 막히게 아름답다는 코올리나 비치(Ko Olina Beach)로 향했다. 동쪽 끝에서 서쪽 끝으로 이동하느라 시간이 좀 걸리는 데다가 퇴근 시간과 겹쳐, 가는 길이 막혀 가다 서기를 반복했다. 한국만 그런 줄 알았더니 하와이도 출퇴근 교통 체증은 엄청났다. 너무 여유를 부렸는지 가는 길에 벌써 해가 지려고 폼을 잡는 게 보였다. 해가 지는 풍경을 꼭 봐야 한다며 차 안에서 발을 동동 구르는 사이 아슬아슬하게 도착해 일몰이 보이는 지점으로 전력 질주를 했다. 지금 생각해 보면 여유롭게 해변을 거니는 사람들 사이에 급하게 뛰어가는 모습이 참 우스웠을 것이다. 사람들이 모인 곳으로 가니 해가 막 지고 있었다. 바다와 하늘이 빨갛게

코올리나 해변 공원(Ko Olina Beach Park)
92-100 Waipahe Pl, Kapolei, HI 96707 미국

물들어가는 사이로 해가 순식간에 빨려 들어갔다. 엄마와 둘이 바위에 앉아 어둑어둑해질 때까지 해가 진 방향을 한참 바라보고 있었다. 해변 쪽으로 나오면서 보니 포시즌스, 메리어트, 아울라니 디즈니 리조트 같은 특급 호텔들이 한곳에 모여 있었고 리조트마다

앞쪽에 라군이 있어 리조트 풀장과 라군을 왔다 갔다 하며 놀기 좋아 보였다. 특히 디즈니 리조트는 풀장마다 디즈니 테마로 꾸며져 있어 아이들이 좋아할 것 같았다. 파라다이스 코브 루아우도 이 근방에서 관람할 수 있어, 저녁에 하와이 전통 식사를 하면서 공연도 보고 가족 여행으로 최적의 장소였다. 이 외에도 골프장과 결혼식장이 마련되어 있어 하와이에 와서 여기서만 며칠을 보내도 지루하지 않을 것 같았다.

와이키키 바캉스

마지막 날은 와이키키 해변에서 해수욕을 하며 시간을 보내기로 했다. 하와이도 겨울은 아침, 저녁으로 선선해서 바닷물에 들어가기가 살짝 부담스럽지만 아침 일찍부터 서핑을 하는 사람들이 많았다. 일어나자마자 커피를 한 잔 마시러 로비로 잠깐 내려왔는데 할아버지 한 분이 수영복 차림으로 서핑 보드를 들고 나서는 게 보였다. 나는 무거워서 낑낑거리며 겨우 끌고 다니는 서핑 보드를 한쪽 팔에 끼고 걷는 모습이 꼭 가벼운 아침 운동하러 나가는 사람 같아 보였다.

이날 브런치는 모아나 서프라이더(Moana Surfrider) 안에 있는 더 베란다(The Veranda)라는 레스토랑에서 먹기로 했다. 우리가 갔을 때는 마침 런치 타임이 시작되어 점심 메뉴 중 스테이크를 시켰다. 역시나 양이 푸짐했다. 특이한 것은 하와이 식으로 스테이크와 함께 달걀 프라이가 두 개가 곁들여져 나왔다. 이곳도 듀크스처럼 해변과 이어져 있어 햇볕에 반짝이는 와이키키 해변을 보며 식사할 수 있었고, 식사 후에 바로 해변을 산책할 수 있었다. 식사 도중 옆 테

더 베란다(The Veranda)
5000 Kahala Ave, Honolulu, HI 96816 미국
+18087398760

이블을 보니 누군가가 생일인 듯했다. 케이크에 초를 꽂고 생일 축하 노래를 불렀는데, 노래가 끝나자 직원이 생화로 만든 레이를 주인공에게 걸어 주었다. 레이가 너무 예뻐 엄마에게도 하나 걸어 주고 싶었다. 직원에게 엄마와 단둘이 온 첫 여행을 기념하고 싶은데 레이를 받을 수 있냐고 물었더니 흔쾌히 엄마에게 레이를 선물했다. 이날 엄마는 하루 종일 레이를 목에 걸고 다녔는데 신기하게도 저녁이 될 때까지 꽃이 망가지지 않고 싱싱하게 살아 있었다. 목에는 레이를, 머리에는 플루메리아 핀을 꽂고 하와이에서만 가능한 차림새로 와이키키 해변을 즐겼다.

불꽃놀이로 장식한 마지막

매주 금요일 저녁 7시 45분쯤이면 힐튼 리조트에서 불꽃놀이를 한다. 와이키키를 실컷 돌아다니다가 힐튼 빌리지 쪽으로 넘어가 푸드 트럭에서 간단히 저녁을 해결하고 힐튼 라군 쪽에 자리를 잡고 앉았다. 이미 사람들이 불꽃놀이를 보러 명당 자리를 차지하고 앉아 있었다. 굉장히 많은 사람이 모여 있어 마치 축제 분위기 같았다. 7시 45분이 되어 가자 사람들은 숨을 죽이고 모두가 한마음으로 하늘을 열심히 바라보고 있었다. 폭죽이 터지기 시작하니 다들 환호를 지르며 열심히 사진을 찍었다. 엄마와 함께하는 여행의 마지막을 불꽃놀이로 장식할 수 있어 행복했다.

하와이 한 달 살기의 시작

3장

**나도 한다,
하와이
한 달 살기**

본격!
한 달 살기 준비

앞에서도 언급했듯, 나는 보통 하와이 여행에 일주일 동안 쓰는 경비로 한 달을 지낼 수 있었다. 개인마다 쇼핑이나 투어를 얼마나 더 하는지, 비싼 식당을 얼마나 자주 가는지에 따라 경비 차이는 생기겠지만 최소한의 경비로 하와이 한 달 살기가 가능한 방법을 알려주려고 한다. 더 나아가, 한 달 살기가 아니더라도 하와이에 방문할 때 도움이 되는 유용한 정보일 것이다.

하와이 여행 준비

JCB 카드 만들기

하와이 여행 중 JCB 카드가 있으면 여러 혜택을 받을 수 있다. 먼저 핑크 트롤리 무제한 탑승이 가능하다. 본인 포함 동반 4인까지 무료 탑승이 가능한데, 탑승할 때 카드를 보여주기만 하면 된다. 쇼핑이나 식사를 할 때도 할인 혜택을 받을 수 있는 곳이 많다.

로열 하와이안 센터(Royal Hawaiian Center) 1층 고객 서비스 센터에 가면 '숍 하와이'라는 쿠폰북을 받을 수 있다. 이 쿠폰북에는 로열 하와이안 센터 내 식당과 각종 매장의 JCB카드 소지자 할인 혜택이 나와있다. 로열 하와이안 센터뿐만 아니라 하와이 여러 식당과 매장에서 JCB 카드를 제시하면 할인 혜택을 주는 곳이 많다.

또 와이키키 쇼핑 플라자 2층 JCB 플라자 라운지에 가면 쉴 공간이 마련되어 있어 안마 의자에 앉아 여행의 피로를 풀 수가 있다. 이곳에서는 음료와 여러 가지 여행 중 필요한 물품을 선물로 주고, 화장실 이용도 할 수 있으며 프린트, 짐 보관, 인터넷 사용이 모두 무료다. 각종 관광 정보와 JCB 가맹점 정보를 안내받을 수 있고, 호텔, 식당, 관광 예약도 가능해 관광객들의 쉼터이자 안내소라고 할 수 있다. 기타 여러 긴급 서비스도 가능해 위급한 상황에 이곳을 찾으면 도움을 받을 수 있다. 특히 갑자기 비가 올 때가 많은 하와이에서 우산 대여 서비스는 여행객들에게 아주 유용하다.

TIP. 우산 대여 서비스 위치

로열 하와이안 센터
위치: 2201 Kal kaua Ave, Honolulu, HI 96815 미국
전화: +18089222299
영업시간: 월~일 11:00~21:00

JCB 플라자 라운지(JCB PLAZA Lounge Honolulu)
위치: 2250 Kal kaua Ave #207a, Honolulu, HI 96815 미국
전화: +18089231191
영업시간: 월~금 10:00~18:00

숙소 구하기

어느 곳으로 여행을 가든 숙소를 구하는 것이 가장 중요한 일이다. 하와이 숙소 종류에는 호텔, 리조트, 한인 민박, 베케이션 렌탈, 에어비앤비가 있다. 단기간 머문다면 호텔이나 리조트에서 머무는 것이 여행지에 온 기분도 나고 룸서비스를 받으며 편안하게 즐기다 오기 좋다. 하지만 코로나19 이후 인력난으로 인해 룸서비스는 요청 시에만 가능한 곳이 늘었다. 호텔은 객실을 저렴하게 예약했다고 하더라도 리조트 수수료, 서비스 요금, 주차료가 따로 부과되어 생각보다 숙박비가 비싸진다. 이때 호텔 근처 공영 주차장의 위치를 알아 두면 주차비를 아낄 수 있다.

호텔을 저렴하게 예약하기 위해 내가 주로 이용하는 사이트로는 익스피디아(Expedia)와 핫와이어(Hotwire)가 있다. 익스피디아에서 예약할 때는 머물 날짜를 입력한 후 낮은 가격순으로 정렬한 뒤 숙소를 선택하고, 결제하기 전 프로모션 코드를 입력하면 할인을 받을 수 있다. 포털사이트에 '익스피디아 프로모션 코드'를 검색하면 그달의 프로모션 코드를 손쉽게 찾을 수 있다. 핫와이어에서는 특히 4성급이나 5성급 호텔을 저렴하게 예약할 수 있다. 대신 예약할 때 선택한 가격에 해당하는 호텔 리스트가 뜨고 그중 한 호텔이 랜덤으로 예약된다. 후기를 살펴보고 마음에 드는 위치와 가격의

알로힐라니 리조트 와이키키 비치 호텔(Alohilani Resort Waikiki Beach)

2490 Kalākaua Ave, Honolulu, HI 96815 미국

+18089221233

호텔을 선택하고 결제하면 최종적으로 호텔 이름이 뜬다. 호텔에 머물 때 이왕이면 코너룸을 요청하는 것이 훨씬 넓고 쾌적하니 참고하면 좋다. 코로나19 이후 달라진 것이 또 있다면, 식사를 뷔페에서 단품 식사로 바꾼 호텔이 많다. 경험상 하와이 호텔 식사는 가격 대비 그렇게 잘 나오는 편은 아니기 때문에 근처 맛집에서 사 먹는 것이 나을 수도 있다.

주방과 세탁 시설이 있는 생활형 숙소를 원한다면 베케이션 렌탈 전문 숙소를 추천한다. 다음으로 한인 민박은 호텔 같은 서비스는 없지만 장기 숙박 할인이 되는 경우가 있어 가격이 상대적으로 저렴하다. 또 민박집 주인에게 주변 생활에 대한 정보나 안내를 받을 수 있다. 그러나 현재 하와이 숙박업과 관련해 새로운 법안이 시행되어 민박 대부분이 운영을 중단했다. 정식으로 허가받은 민박집에 머물기 위해서는 신뢰할 수 있는 사이트를 통해 예약할 것을 권장한다. 혼자 지낼 호스텔 예약이 가능한 사이트로는 호스텔 월드(www.hostelworld.com)가 있다. 에어비앤비를 통해 예약하면 호텔이나 리조트에서 발생하는 리조트 비용이 없고, 무료 주차가 가능한 곳이 있다. 또 현지인 집에 머물며 현지 생활을 경험할 수 있는 장점이 있다. 검색하다 보면 저렴하고 가성비 좋은 숙소를 찾을 수 있고, 호스트에게 할인이 가능한지 문의할 수도 있다. 민박이 줄어들면서 에어비앤비를 운영하는 한인 호스트가 많아지고 있으며,

청결이나 안전성에서 공식으로 인정된 슈퍼호스트를 찾는 것을 추천한다.

하와이 숙박업과 관련한 법안이 계속 바뀌고 있기 깨문에 단기 렌탈을 하려면 앞으로 이 부분을 잘 알아보고 예약해야 한다. 불법으로 운영되는 곳에 머물렀다가 발각되면 앞으로 미국 방문 시 불이익이 생길 수 있다. 몇 달 이상 장기로 머물 계획이라면 하와이 교차로를 통해 저렴한 숙소를 구할 수 있다. 원하는 조건과 가격을 올려 두면 메신저나 이메일로 집주인들의 연락을 받을 수 있다. 다른 곳에서 알아본 숙소와 비교하면 가성비 좋은 숙소를 찾을 수 있다. 운이 좋으면 종종 몇 달간 한국에 방문하는 집주인이 본인 집을 저렴한 가격에 빌려주기도 한다. 이때도 숙박법에 저촉되는 부분은 없는지 꼭 확인해야 한다.

코로나19가 한창 유행하던 시기에도 아이 단기 유학을 위해 하와이에 오는 학부모들이 있었다. 자녀를 초등학교에 보낼 생각이라면, 숙소를 결정하기 전 숙소에서 학교까지 가는 거리와 시간을 확인해야 한다. 먼저 자녀가 다닐 학교를 선택하고 그다음에 학교 주변의 숙소를 알아봐야 한다. 하와이 초등학교는 거주지 내 학군으로 배정받는 것이 원칙이기 때문에 숙소가 원하는 학교의 학군에 해당하지 않으면 낭패를 볼 수 있다. 또한 입학 원서를 쓸 때 우편

물을 받을 주소를 적게 되어 있는데 이때 학군 내에 있는 주소지를 적어야 입학 허가를 받을 수 있다. 따라서 숙소를 예약하고 결제가 완료된 후 해당 숙소 주소를 적은 입학 원서를 내면 된다.

하와이 도착하자마자 할 일

유심칩 구매

요즘 어디를 가나 가장 필요한 것은 핸드폰이다. 핸드폰만 있으면 길도 찾을 수 있고, 맛집도 검색할 수 있고, 심지어는 통역이나 번역을 해주는 앱도 있다. 여러분이 지금 하와이에 왔다고 상상을 해보자. 도착하자마자 제일 먼저 핸드폰을 사용할 것이다. 하와이 도착 인증샷을 찍어 SNS에 올릴 수도 있고, 잘 도착했다고 누군가에게 연락해야 할 수도 있다. 택시를 부르기 위해서도 핸드폰이 필요하다. 나는 한동안 한국에서 미리 유심칩을 구매해 공항에 도착하자마자 갈아 끼워서 쓰곤 했지만 하와이에 살다 보니 더 좋은 방법을 알게 되었다. 책에서 소개할 유심칩은 울트라 모바일(Ultra mobile) 유심칩인데 구매하는 방법은 두 가지가 있다. 첫 번째 방법은 울트라 모바일 홈페이지에서 직접 원하는 요금제를 선택하고 한국이나 하와이 숙소로 미리 배송받는 방법이다. 그런데 홈페이지가 영어로 되어 있어 개통하는 데 어려움이 있을 수도 있으니, 현지에서 직접 구매해 교체하는 방법을 추천한다.

도착해서 유심칩을 사기 전까지 하루나 이틀 정도 한국에서 로밍서비스를 받는다. 급한 여행이 아니기 때문에 도착하자마자 바쁘게 일정대로 쫓아다닐 필요가 없다. 한 달 동안 지내는 데 불편함이 없도록 세팅부터 해두는 것이 중요하다. 도착해서 팔라마 슈퍼에 먼저 가보자. 우버를 타거나, 더 버스를 이용하면 저렴하다. 슈퍼 입구에 핸드폰 유심칩을 판매하는 작은 부스가 있다. 부스에는 한국인 직원이 있기 때문에 영어를 하지 못해도 걱정할 필요가 없다. 유심칩의 종류에 따라 가격대가 다양하며 필요에 맞게 구매하면 된다. 무엇을 선택하는 것이 좋은지 직원의 추천을 따르는 것도 괜찮다. 유심을 구입하고 나면 차분하게 설명해 주고, 유심 교체 후 개통까지 해준다. 일요일에는 열지 않기 때문에 토요일에 도착하는 일정이라면 영업이 끝나기 전에 얼른 가서 유심을 구매하거나, 이틀 정도 여유 있게 로밍해야 한다.

저렴한 것을 선택하더라도 4GB, 5GB까지 가능하고, 해외로 문자, 통화 서비스가 가능하다. 현지 번호가 부여되며 한 달 이상 머물더라도 연장을 통해 같은 번호를 계속해서 사용할 수 있다. 더 저렴한 로밍 서비스도 있지만, 현지에 오래 머문다면 식당이나 투어 예

약 등 필요할 때 전화 사용이 가능한 현지 유심을 추천한다. 나 역시 한국 은행 등 필요한 일 처리를 할 때 무제한으로 전화를 걸 수가 있어 하와이에 이민 온 후에도 이 유심을 구매해 사용하고 있다. 핫스팟을 통해 다른 사람이 데이터를 사용하는 것도 가능하다. 두세 명이 함께 다닌다면 한 명만 유심칩을 사고 다른 두 명은 핫스팟을 통해 데이터를 공유할 수도 있다. 이 유심칩은 한국의 알뜰폰과 비슷하며 현지 일반 요금제보다도 저렴하다(실제로 지인은 내 추천으로 원래 쓰던 요금제를 해지하고 이 요금제로 변경했다). 또 한 가지 장점은 유심칩 사용 기간을 한 달이 아닌 3개월, 6개월, 12개월까지 한꺼번에 구매하면 할인을 받을 수 있다는 점이다. 할인을 받을 수 있는 또 다른 방법은 장기간 머무는 경우 신용카드를 등록해 자동충전을 설정하면 한 달은 1달러에 이용할 수가 있다. 유심칩을 구매하고 한 달이 끝나갈 때쯤 설정할 수 있는 링크와 함께 관련 내용이 안내 문자로 오기 때문에 안내에 따라 설정하면 어려울 게 없다. 울트라 모바일 요금제를 데이터 용량별로 간단히 정리하면 다음과 같다.

울트라 모바일 요금제

용량	1개월	3개월	6개월	12개월
250MB	$15	$39	$66	$120
2G	$19	$48	$90	$168
3G	$24	$66	$126	$240
6G	$39	$108	$210	$360
15G	$39	$108	$210	$360
데이터 무제한	$49	$138	$270	$480

현지 은행 계좌 만들기

하와이에 한 달 이상 장기간 체류할 예정이라면 현지 은행 계좌를 만들어 두는 것이 여러모로 편리하다. 돈이 분실되는 위험 부담이 없고, 버스 카드를 만들 때도 은행 계좌에 연결된 현금 카드가 있으면 버스 카드가 충전 가능한 곳을 찾아 갈 필요 없이 홈페이지에서 바로 충전할 수 있다. 물론 해외 카드도 이용 가능하지만, 해외 결제 수수료가 발생하니 현지에서 카드를 만들어 사용하면 수수료를 절감할 수 있다. 마트에서 물건 값을 계산할 때도 카드 한 장이면 잔돈을 챙겨야 하는 번거로움이 없다. 더욱 추천할 만한 이유는 자금 관리가 쉽기 때문이다. 현금을 쓰는 경우 영수증을 챙기지 않으면 장기간 그 많은 돈을 어디에 썼는지 확인이 어렵다. 하지만 카드를 쓰면 은행 계좌에 기록이 남아 자금 관리가 쉽다. 하와이 은행들도 한국처럼 인터넷 뱅킹이 가능해 아이디만 등록하면 인터넷으로 사용 내역을 한눈에 확인할 수 있다. 5천 달러 이하의 금액은 한국에서 미리 환전해 오지 않아도 카카오 뱅크를 이용해 환전 수수료 없이 송금 수수료만 내고 하와이 은행 계좌로 송금이 가능하다. 이렇게 카드 한 장으로 그때그때 현금을 인출해서 사용하면 된다. 단 debit 카드(현금 카드)는 신청 후 우편으로 받기까지 2주 정도 소요되므로 도착하자마자 계좌를 만드는 것을 추천한다. 그동안 쓸 현금만 남기고 은행 계좌에 보관하는 것이 좋다.

하와이에는 여러 로컬 은행들이 있는데, 접근성이 좋은 알라모아나 쇼핑몰 바로 근처에 뱅크 오브 하와이(Bank of Hawaii)가 있다. 뱅크 오브 하와이는 알라모아나 쇼핑몰 바로 입구 쪽에 있어 언제든지 은행 업무를 보러 가기 편리하다. 알라모아나 쇼핑몰에서 멀지 않은 곳에 위치한 CBB 뱅크는 한인 은행으로, 한인 직원이 상주하고 있어 영어에 대한 부담감 없이 쉽게 은행을 이용할 수 있는 장점이 있다. 나는 은행에 여행 후 남은 돈을 넣어 두었다가, 다음 여행 때 이 돈을 보태서 쓰니 경비 부담이 덜했다. 참고로, 은행에서 발급받은 현금 카드로 상점에서 결제할 때 카드 기계에 'debit or credit?'이라는 문구가 뜬다. 'debit'은 설정해둔 비밀번호를 누르면 바로 통장에서 금액이 인출되는 방식이고, 'credit'을 선택하면 해당 금액이 인출되는 데까지 며칠 걸린다.

뱅크 오브 하와이(Bank of Hawaii)

버스 카드 만들기

하와이에 여행 오면 보통 트롤리를 많이 이용한다. 트롤리는 관광용 교통수단이라 정해진 명소를 거쳐 가고 저속으로 운행하기 때문에 가까운 곳에 가는 데도 시간이 오래 걸릴 수 있고 비용도 비싸다. 그래서 비용도 훨씬 저렴하고 더 빠르게 이동 가능한 현지인들이 이용하는 더 버스를 이용하는 것이 훨씬 효율적이다. 더 버스는 한국의 시내버스라고 생각하면 된다. 원래는 종이로 된 일일 패스와 월권, 연중 패스가 있었지만, 2021년 7월 1일부터 종이 표가 사라지고 홀로 카드(Holo card) 시스템으로 바뀌었다. 이제는 홀로 카드로 결제하는 경우에만 1일 패스, 월권, 연중 패스 혜택을 받게 된다. 현금으로 지불한다면 탈 때마다 2.75달러씩 동전을 준비해야

하는 번거로움이 있으니 버스 카드를 만드는 것이 여러모로 편리하다. 단기간 머물면서 와이키키 근방으로만 여유 있게 움직인다면 더 버스를 이용하지 않고 JCB 카드로 핑크 트롤리를 무료 이용하는 것으로 충분할 수 있다.

홀로 카드를 만드는 방법은 두 가지가 있다. 홀로 카드 홈페이지에서 카드를 신청하고 우편으로 받는 방법과 홈페이지에 안내된 판매점에 찾아가 구매하는 방법이다. 우편으로 받는 경우 카드 도착 예정일을 모르는 채 올 때까지 기다려야 하니 가까운 구입처에서 바로 구매하는 것을 추천한다. 홀로 카드 도입 초반에는 구입처가 많지 않아 카드 구매가 번거로웠지만, 지금은 세븐일레븐이나 ABC 마트, 푸드랜드(Food Land) 등 가까운 마트에서도 판매해 쉽게 구매할 수 있다. 카드 발급 비용은 원래 무료였으나 2022년 3월 1일부터 발급 비용이 2달러이며, 분실해서 카드를 재발급할 때도 2달러를 지불해야 한다. 홀로 카드로 결제하는 경우 하루 2회 이상 승차하면 자동으로 1일권으로 전환이 되어 그날은 추가 승차에 대한 비용이 빠져나가지 않는다. 월권도 마찬가지로 사용한 금액이 월권 금액에 해당하는 80달러에 도달하면 해당 월에는 그 이후 승차에 대해 월권이 적용되어 무료다.

홀로 카드 홈페이지에서 홀로 카드와 카드 충전 시 사용할 개인 신용카드나 현금카드를 등록해 두면 카드 충전을 하기 위해 마트에

가지 않아도 금액 충전이 필요할 때마다 원하는 금액만큼 충전할
수 있다. 또한 잔액이 모자라면 자동 충전이 되도록 설정을 할 수
있어 편리하다. 카드를 분실한 경우 홈페이지에 들어가 분실 처리
를 하고 새 카드를 구매해 원래 카드에 있던 금액을 옮길 수 있다.
한 사람 계정에 카드 여러 개를 등록해서 관리할 수도 있어, 가족
이나 친구가 함께 다닌다면 한 사람이 카드를 관리해도 된다. 6세
미만 어린이는 무료 승차, 65세 이상이면 일일 요금 2달러, 월권 6
달러, 연간 패스가 35달러니 매우 저렴하게 이용이 가능하다. 단,
시니어 패스(65세 이상)를 구매하기 위해서는 칼리히 트랜짓 센터
(Kalihi Transit Center)나 시청 사무실(Satellite City Hall)에 가서 신분증
을 제시해야 한다. 17세까지의 청소년도 할인 적용을 받아 일일 요
금 2.5달러, 월권 35달러이며 유스 패스(17세 이하)도 시니어 패스
와 같은 구입처에서 구입할 수 있고 마찬가지로 신분증을 제시해
야 한다.

가까운 거리는 비키

하와이에도 한국의 따릉이와 비슷한 자전거 대여 시스템인 비키 (BIKI)가 있다. 와이키키 내에서는 자전거니 버스를 이용하는 것이 자동차를 이용하는 것보다 편리할 수 있다. 와이키키는 주차 요금 이 워낙 비싸 렌터카를 이용하는 경우 교통비가 수십 배로 차이가 나고 잘못 주차했다가 벌금 폭탄을 맞을 수도 있다. 또 미국에서는 'STOP'사인이 보이면 무조건 정차했다가 운행해야 하는데 사람이 없다고 정차 없이 통과하면 벌금을 물게 되니 주의해야 한다. 한 가 지 더 주의할 점이 있는데 노란색 스쿨버스가 앞에 정차하는 경우 절대 추월해서 가면 안 된다. 이렇듯 자동차 운행에 따른 비용과 변

수를 생각하면, 버스와 자전거가 마음 편한 이동 수단이다. 와이키키에서는 어디를 가든 먼 거리가 아니기 때문에 버스를 기다릴 시간이면 비키를 타고 이동하는 게 나을 때도 있다. 필요에 따라 비키와 버스를 번갈아 이용하면 주차 걱정도 없고 시간도 절약할 수 있다. 렌터카는 와이키키 주변을 벗어나 멀리 투어를 갈 때 하루 정도만 이용하는 것이 효율적이다.

비키 이용 방법은 간단하다. 핸드폰에 비키 앱을 깔면 자전거 스테이션의 지도가 뜨고, 위치마다 대여 가능한 자전거의 대수도 표시된다. 대여를 원하는 스테이션을 선택하면 5자리 코드가 부여되는데, 5분 이내에 그 코드를 입력하고 나면 기계의 노란불이 녹색으로 바뀐다. 그때 자전거를 이용하면 된다. 비키도 더 버스와 마찬가지로 홈페이지(https://gobiki.org)에서 원하는 요금제를 선택하고 카드를 등록해서 결제할 수 있다. 홈페이지 이용이 번거롭다면 앱을 통해 바로 요금제를 구매할 수도 있다. 금액이 소진되었을 때를 대비해 자동 충전 기능도 선택할 수 있으며, 하와이 거주민과 방문객 요금제는 차이가 있다. 사진처럼 풍선에 자전거가 대략 얼마나 남았는지 표시되어 있다. 원하는 스테이션을 누르면 해제(UNLOCK) 버튼이 뜨면서 이용 가능한 자전거 대수가 뜬다. 해제 버튼을 누르고 결제 창으로 넘어가면 원하는 요금제를 선택할 수 있게 된다. 이미 카드를 등록했다면, 로그인해서 요금제를 선택하면 된다.

Station is full

Station is half full

All docks are empty

방문객 요금제는 표를 참고해 본인의 여행 일정과 필요에 따라 선택하면 된다.

요금제	가격	이용 사항
ONE-WAY	4.5$	이용 시간은 30분이며 30분 초과할 때마다 5달러씩 추가 비용이 부과된다. 예를 들어, 67분을 이용했다면 10달러의 초과 비용이 발생한다.
THE JUMPER	12$	24시간 동안 횟수 제한 없이 이용할 수 있다. 이용 시간은 30분이며, ONE-WAY 요금제와 마찬가지로 30분이 초과할 때마다 5달러씩 추가 비용이 부과된다.
THE EXPLORER	30$	1년 동안 총 300분을 이용할 수 있다. 남은 이용 시간은 앱이나 홈페이지를 통해 확인할 수 있다.

급하거나 짐이 많을 때는 우버, 리프트, 노팁 택시

우버(Uber)는 한국의 카카오 택시와 비슷하게 운영된다. 우버 앱을 깔고 연락받을 전화번호와 결제 카드만 등록하면 바로 이용할 수 있다. 픽업 시간과 목적지를 입력하면 주변에 이용 가능한 우버 택시들이 보이며 원하는 가격을 제시하는 차량을 선택하면 된다. 같은 목적지라도 교통 체증이 심한 시간대이거나 운행하는 우버 차량이 많고 적은지에 따라 가격은 달라진다. 기사 사진과 연락처, 차량번호가 뜨기 때문에 안전하게 이용할 수 있다. 목적지가 비슷한 사람과 합승을 선택하면 요금을 절약할 수 있다. 비용 절약을 위해 자차보다 우버를 자주 이용하는 현지인도 있다. 리프트(Lyft)라는 시스템도 우버와 이용 방법은 비슷하다. 같은 목적지를 설정해 이 중 더 낮은 요금을 제시하는 것을 타면 조금이라도 저렴한 가격에 이용할 수 있다.

영어 울렁증이 있어 꼭 한인 택시를 이용하고 싶을 수도 있고, 연세가 많으신 분들은 앱 사용에 익숙하지 않을 수도 있다. 이럴 때 이용할 수 있는 노팁 택시(Notip Taxi)가 있다. 노팁 택시는 다른 택시들과 달리 팁을 줄 필요가 없다. 미국은 어디를 가나 팁을 줘야 하는데, 팁 문화에 익숙하지 않은 한국 사람들은 팁을 주는 것이 왠지 어색하게 느껴질 수도 있다. 택시 기사들이 지역 맛집을 다 꿰고 있는 것처럼 노팁 택시 역시 마찬가지다. 맛집도 알려 주시지만 택시를 이용한 투어를 할 수도 있는데, 하와이에서 렌터카로 피곤하게 운전하며 이동할 필요 없이 노팁 택시를 이용하는 것도 괜찮은 방법이다. 하와이 섬 일주를 하게 되면 하루 종일 운전을 해야 하니 여행지에서 충분히 여유를 즐기기가 어렵다. 하지만, 노팁 택시로 투어를 하게 되면 택시 기사가 알아서 관광 포인트나 지역에 얽힌 스토리까지 설명해 주기도 한다. 직접 운전하고 찾아다니며 관광하는 것보다 비용을 좀 더 투자해서 훨씬 편안한 여행이 될 수 있다. 한 차에 7명까지 탑승 가능하기 때문에 여러 명일수록 저렴하게 이용할 수 있다. 투어 비용은 섬의 어느 지역을 가는지에 따라 160~300달러로 다양해 SNS 메신저에 'notip'을 검색하여 문의하면 된다. 유심칩이 있어서 현지 번호로 전화 연결이 가능하다면 전화로 문의해도 좋다(+01-808-944-0000).

하와이 카쉐어링 시스템 투로

관광지에서 차량 렌탈 비용 역시 무시할 수 없다. 좀 더 저렴하고 편리하게 이용할 수 있는 방법이 있는데 바로 차량 렌탈 서비스 투로(Turo)를 이용하는 것이다. 홈페이지 또는 앱을 통해 원하는 차량을 예약하고, 예약된 차량의 차주가 원하는 시간에 차를 가져다 주기는 시스템이다. 차량에 따라 대여 비용은 천차만별이며, 보험도 들 수 있다. 하루 약 20달러로 대여 가능한 차량이 있을 때도 있어 현지 렌터카 업체보다 훨씬 저렴하다. 차량을 원하는 곳까지 가져다주는 옵션이 가능한 경우도 있으니 효율적이다. 투로 웹사이트에서 차량을 예약하는 방법은 다음과 같다.

투로 차량 예약 방법

① https://turo.com 접속
② 차량 대여를 원하는 주소지, 날짜, 시간 입력
③ 차량 선택 후 본인 사진, 전화번호, 한국 운전 면허증, 국제 면허증, 결제 수단 입력
④ 원하는 보험의 종류를 고른 후 최종 결제

Get approved to drive

Since this is your first trip, you'll need to provide us with some information before you can check out.

Verify your email ✓

Profile photo

Please provide a clear photo of your face so your hosts can recognize you.

[Upload photo]

Mobile number

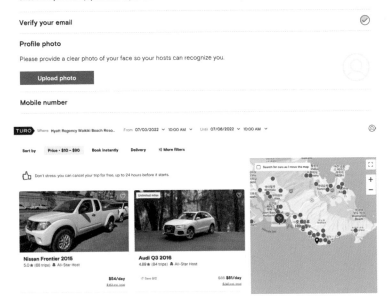

하와이
생활 꿀팁

꼭 알아야 하는 주차 팁

하와이는 주차난이 심하며 중심가일수록 주차 비용이 비싸다.
잘 모르고 주차했다가 벌금 폭탄을 맞을 수도 있기 때문에 주차
팁을 알아 두면 많은 비용을 아낄 수 있다. 주차장에 주차할 때
'Reserved Parking'이라고 적힌 곳에 절대 주차를 하면 안 된다. 이
곳은 비용을 지불하고 사용하는 개인의 주차 공간이라 이곳에 주
차하면 벌금을 낸다. 나도 처음에 이 표시를 인지하지 못하고 주차
했다가 벌금을 낼 뻔한 적이 있다. 관공서나 관광지 주차장에 가면
주차장 한 구석에 주차 요금 지불 기계가 있다. 주차를 하자마자 기

계에 차량 번호를 입력하고 예상되는 시간만큼 요금을 결제한 후에 기계에서 나오는 확인증을 자동차 전면에 올려 두어야 한다. 한국은 주차장에서 나갈 때 지불하는 시스템인 곳이 대부분이라 이 부분을 주의해야 한다. 확인증을 올려 두지 않으면 수시로 확인증을 체크하는 경찰관이 그 자리에 벌금 티켓을 올려 두고 간다. 나는 하와이에서 운전을 시작한 지 얼마 되지 않았을 때 아기 출생증명서를 발급받으러 갔다. 이때 관공서 주차장은 당연히 무료일 것이라 생각해 주차 확인증을 올려 두지 않아 주차 벌금 40달러를 낸 적이 있다.

와이키키는 관광객들이 가장 많이 몰리는 지역이라 주차 요금이 상당히 비싸다. 호텔 주차장의 경우 시간당 30~60달러정도니 몇 시간 주차하면 자동차 렌트비보다 비싸질 수 있다. 호텔에 머물면서 며칠 동안 자동차를 렌트해야 한다면 하루씩 빌리고 그날그날 반납하는 것이 주차비를 아낄 수 있는 방법이다.

와이키키를 중심으로 무료 주차 팁을 알려주자면 알라모아나 쇼핑 센터는 무료로 주차할 수 있다. 마음 편하게 알라모아나 센터에 주차하고 핑크 트롤리나 더 버스를 타고 와이키키로 넘어가는 방법이 있다. JCB 카드가 있다면 무료로 트롤리를 이용하니 교통 비용이 들지 않지만 트롤리는 저녁이면 끊기기 때문에 그럴 때는 더 버

스를 이용하면 된다. 알라모아나 센터에서 와이키키까지는 걸어서도 갈 수 있는 거리라 걷는 걸 좋아하고 시간 여유가 있다면 걸어가면서 이곳저곳 구경하는 것도 추천한다. 알라모아나 쇼핑 센터 건너에 있는 알라모아나 비치 파크에도 무료 주차가 가능한데 저녁 시간이나 주말에는 매직 아일랜드 주변으로 바비큐를 하는 사람들이 많아 주차 공간 찾기가 어려우니 참고하면 좋다.

알라와이 도로 무료 주차

알라와이 대로변에도 무료 주차가 가능한데, 이 도로는 일방통행 도로라 언제 생길지 모르는 주차 공간을 찾아 계속 빙빙 돌아야 할 수도 있다. 이곳은 월요일과 금요일 오전 8시 30분~11시 30분에는 주차 금지이기 때문에 시간을 잘 확인해야 한다.

알라와이 대로변을 따라 알라모아나 대로 방향으로 가다 보면 차들이 대로변을 따라 주차된 것이 보인다. 이곳은 주차 라인은 없지만 주차가 가능한 곳이다. 와이키키로 출근한 현지인들이 퇴근하는 4시~6시에 주차 공간을 찾기 쉽다.

몬사랏 에비뉴, 칼라카우아 에비뉴, 와이키키 쉘

호놀룰루 동물원 근처로는 몬사랏(Montsarrat Avenue)와 칼라카우아 에비뉴(Kalakaua Avenue), 와이키키 쉘(Waikiki Shell)에 무료 주차가 가능하다. 와이키키까지 매우 가까워 편리하며 주차 기계가 없는 주차 라인은 무료 구간이고 주차 기계가 있으면 유료 구간이다.

하얀색 선이 그려진 곳이 주차 라인이므로 동물원 근처에서 하얀색 주차 라인을 찾으면 찾기 쉽다. 시간당 주차 비용도 매우 저렴하기 때문에 와이키키 내에서는 이 근처에 주차하는 것을 가장 추천한다. 와이키키 쉘은 몬사랏 에비뉴에 들어서면서 오른쪽으로 입구가 보이는데 밤샘 주차는 할 수 없다.

호놀룰루 동물원 주차

동물원 근처에 주차 공간을 찾기 어렵다면 동물원에 주차해도 괜찮다. 동물원 주차 비용은 시간당 1.5달러로 저렴하다. 주차장에 들어서면 주차 기계가 곳곳에 보인다. 이 기계에 차량 넘버를 입력하고 원하는 주차 시간에 해당하는 요금을 지불한 후 영수증을 차량 전면에 꼭 올려 두어야 한다. 만약 지불한 주차 시간을 넘었는데 계

속 주차되어 있으면 견인당할 수 있으니 돌아올 시간을 잘 체크해야 한다.

힐튼 라군 무료 주차장

힐튼 라군에 물놀이를 하러 가거나 불꽃놀이를 보러 간다면 힐튼 라군 옆의 무료 주차장을 이용할 수 있다. 한 차량이 최대 6시간까지 주차가 가능하며, 오전 4시 30분에서 오후 10시 30분까지만 이용 가능하다. 사진 속 팻말이 있는 곳이 무료 주차 구역이다. 불꽃놀이 시간대에는 워낙 사람들이 몰려 주차 공간을 찾기가 매우 어

렵다. 주차 공간을 찾기 어려운 시간대에는 건너편 주차 미터기가 있는 곳이 시간당 1달러이니 그곳을 이용하는 것도 괜찮다.

그 외 주차 공간

와이키키에 짧게 몇 시간만 방문하는 것이라면 저렴하게 주차장 이용이 가능하다. 인터내셔널 마켓 플레이스와 로열 하와이안 센터에서 10달러 이상 구매하면 처음 1시간은 주차가 무료다. 인터네셔널 마켓 플레이스는 4시간까지, 로열 하와이안 센터는 3시간까지 추가되는 시간당 2달러만 내면 된다. 유학생 신분으로 하와이 운전 면허증을 소지하고 있거나 하와이 거주민이 10달러 이상 소비를 했다면 3시간까지 무료 주차가 가능하다. B동과 C동 사이 1층에 로열 그로브 옆 게스트 서비스 센터에 가면 주차권(Parking Validation)을 받을 수 있다. 운영 시간은 오전 11시부터 저녁 8시까지이니 참고하면 좋다. 노드스트롬 랙과 로스에서는 구매를 하고 계산할 때 주차권을 요구하면 2시간 동안 건물 주차장을 무료로 이용할 수 있는데, 물건을 반품하러 가는 경우에도 주차권을 준다.

조심해야 할 주차 금지 구역

주차 금지 구역도 잘 알아 두어야 한다. 소화전이 있는 곳과 빨간색으로 칠해진 부분은 주차할 수 없다. 빨간색으로 칠해진 부분과 조금이라도 겹치면 단속 대상이며, 소화전에서 너무 가까우면 단속 대상이 될 수 있으니 주의해야 한다. 이용하지 않는 상업 지역에 주차해도 견인을 당할 수 있다. 예를 들면 돈키호테 마트에서 주차만 하고 다른 곳에서 볼 일을 본다면 차가 견인될 수 있다. 주차 금지 구역에 잘못 주차했다가 견인되는 날엔 견인 장소까지 우버를 타고 가서 벌금을 내야 하는데 차량 보관비까지 하면 총 200달러 이상의 비용이 든다. 주차하기 전 주차 가능한 곳인지 항상 표지판을 확인해야 한다. 하와이에서 차를 견인당했다면 911에 전화해서 견인당했다고 말해야 한다. 그러면 경찰서로 연결해 주거나, 견인 업

체 전화번호를 준다. 경찰서로 연결되는 경우 자동차 번호를 알려
주면 견인 업체 전화번호를 알려주니 업체와 통화하여 자동차가
보관되어 있는 주소를 받으면 된다.

병원 알아 두기

미국과 한국의 병원 시스템에 차이가 있는 데다가 영어로 예약하고 증상도 설명하는 게 부담일 수 있다. 한국인이 운영하는 병원과 약국을 미리 알아 두면 갑자기 아플 때 당황하지 않고 신속하게 대처할 수 있다. 관광객들에게 가장 접근성이 좋은 알라모아나 센터와 주차장으로 연결되어 있는 알라모아나 빌딩 안에 한국인 의사가 운영하는 열린 가정의학과 병원(Opendoor Clinic)이 있고, 한인 약국 해피 파머시(Happy pharmacy)도 알라모아나 센터 안에 있다.

약국 규모가 커서 웬만한 처방약은 당일에 준비된다. 열린 가정의
학과 병원과 해피 파머시를 포함한 호놀룰루 영사관 홈페이지에
공지되어 있는 한인 병원은 다음과 같다.

열린 가정의학과 병원
위치: 1441 Kapiolani Blvd #608, Honolulu, HI 96815
전화: (808) 921-2273
영업시간: 월~금 8:00~14:00

서필립 클리닉 (내과, 소아과, 부인과, 가정의학과)
위치: 725 Kapiolani Blvd Suite C-114, Honolulu, HI 96813
전화: (808) 946-1414
영업시간: 월~금 9:00~12:00, 14:00~16:00 / 토 9:00~12:00

데이빗차 소아과 Cha David MD

위치: 91-2139 Fort Weaver Rd # 211, Ewa Beach, HI 96706
전화: (808) 671-7216

우강산내과전문의 Woo Keith K MD

위치: 1520 Liliha St # 205, Honolulu, HI 96817
전화: (808) 523-9955

양성식 내과 The Medical Clinic of Sung S. Yang, MD

위치: 2155 Kalakaua Ave, Honolulu, HI 96815 (와이키키 Bank of Hawaii 건물)
전화: (808) 342-6305
영업시간: 월~토 9:00~18:30

Raymond Kang (내과, 외과, 응급치료 등 종합진료)

위치: 1095 S Beretania St #A, Honolulu, HI 96814
전화: (808) 955-7117

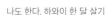

Happy Pharmacy

주소: 1441 Kapiolani Blvd Suite 304, Honolulu, HI 96814
전화: (808) 955-9500

여행을 하다 보면 응급 상황이 생기기도 한다. 레저 스포츠를 즐기
다 보면 사고로 골절이 생기거나 시차와 여행 일정으로 인해 생체
리듬이 바뀌어 갑자기 쓰러질 수도 있다. 이럴 때를 대비해 응급실
을 보유한 종합 병원을 알면 좋다.

The Queen's Medical Center Emergency Room

위치: 1301 Punchbowl St, Honolulu, HI 96813

전화: (808) 538-9011

Straub Medical Center

위치: 888 S King St, Honolulu, HI 96813

전화: (808) 522-4000

Kapiolani Medical Center for Women and Children

: Emergency Room

위치: 1319 Punahou St, Honolulu, HI 96826

전화: (808) 983-6000

The Queen's Medical Center - West Oahu (코올리나 근처)

위치: 91-2141 Fort Weaver Rd, Ewa Beach, HI 96706

전화: (808) 691-3000

하와이 마트 어디로 갈까?

팔라마 슈퍼마켓

한 달 살기를 할 때 한 달 내내 삼시 세끼 사 먹지는 않을 테니 장 보기 좋은 한인 마트 정도를 미리 알아 두면 편리하다. 아침에 일어나 일찍부터 문을 여는 가게를 찾아다니기 귀찮을 때, 숙소에서 간단하게 조리해서 먹을 수 있는 음식을 사 둘 필요가 있다. 하와이에 여러 마트가 있지만, 한국 사람들이 많이 찾는 다양한 식재료들이 있는 곳 중에서는 팔라마 슈퍼마켓(Palama Supermarket)이 있다. 팔라마 슈퍼마켓에는 '이런 것도 미국에서 살 수 있네?' 싶은 식재료들이 있다. 심지어 배 맛이 나는 아이스크림부터 찰떡 아이스크림까지 한국에서 먹던 음식이 생각날 때 가기에 좋은 마트다. 밥을 요리해 먹기 귀찮을 때는 저녁 할인 시간에 한인 마트 도시락 코너에서 잡채, 김밥, 덮밥, 족발, 육전 등을 사다가 한 끼 때우기도 괜찮다. 참고로 팔라마 슈퍼마켓은 저녁이 되면 도시락을 1달러씩 할인해서 판매한다. 다양한 반찬도 판매하고 있는데, 이 중 제육볶음이 괜찮아서 자주 사 먹는다. 한쪽 코너에 한인들이 찾을 만한 생활용품 코너도 있는데 미국에서는 구하기 힘들 것 같은 고기 굽는 불판과 철판 도시락까지 있다. 팔라마에서 알뜰하게 쇼핑하는 꿀팁을 알려주자면 SNS 메신저에 '팔라마'를 검색해 친구 등록을 하면 매

팔라마 슈퍼마켓(Palama Supermarket)
1670 Makaloa St, Honolulu, HI 96814 미국
+18084477777

주 금요일 세일 정보 메시지를 받아볼 수가 있다.

H Mart

팔라마 외에도 하와이에 생긴 지 얼마 안 된 한인 마트
인 H mart가 있는데 팔라마보다 규모가 크고 한국의 대형
마트처럼 정비가 잘 되어 있다. 식재료와 반찬의 종류도 훨
씬 많긴 하지만 가격은 조금씩 더 비싸다. 팔라마는 집 앞
에 있는 슈퍼마켓 정도의 규모라면, 에이치 마트는 한국
의 대형마트보다는 작은 규모의 푸드 코트가 있는 마트 정

H Mart
458 Keawe St, Honolulu, HI 96813 미국
+18082190924

도로 생각하면 된다. 이곳은 수산 코너 해산물도 매우 신선하고 정육 코너에는 한국인들이 많이 찾는 부위들이 있어 다른 마트에 비해 한국인에게 최적화되어 있다. 김치 종류도 다양하고 맛있어서 나는 김치를 꼭 이 마트에서 구매한다. 매일 저녁 시간에는 다양한 도시락을 1+1로 판매해서 종종 도시락을 사다 놓기도 한다. 10달러가 되지 않는 가격에 도시락 두 개라면 웬만한 식사 한 끼에 20달러 안팎인 하와이에서 어마어마하게 저렴한 가격이다. 이곳도 역시 생활용품 코너가 따로 마련되어 있으며, 한국산 화장품 몇 가지도 판매한다. 처음 이 마트에 갔을 때 한국에서 쓰던 클렌징폼이 진열대에 있는 것을 보고 매우 반가웠던 기억이 난다. 2층 푸드 코트에는 한인들이 찾을 만한 식당들이 모두 모여 있다. 우리가 잘 알고 있는 노랑통닭이 있고 99센트에 판매하는 맥주도 있어 치맥이 생각날 때 가면 딱 좋다. 막걸리를 사서 주전자에 담아 먹을 수 있고, 전도 판매하고 있다. 장을 보고 나왔는데 비가 오면 잠시 비가 그칠 때까지 한잔하고 들어가는 것도 괜찮다. 분식집도 입점해 있는데, 한국인들이 자주 찾는 여러 분식이 있다. 또 하와이에 오면 꼭 한 번씩은 새우 트럭을 찾게 되는데 유명한 지오반니 새우도 있어 하와이에 머무는 동안 노스쇼어(North Shore)에 가지 못했다면 아쉬운 대로 이곳에서 지오반니 새우의 맛을 느껴볼 수 있다. 이곳은 워낙 한인들이 많이 이용하고, 주문도 한국말로 하니 한국에 있는 듯한 느낌이 든다. 푸드 코트의 장점이라면 주문한 음식을 직접 가져다 먹기 때문에 팁을 주지 않아도 되니 가격 면에서도 부담이 적다. 카드로 계산을 할 때는 팁 옵션에서 'No tip'을 선택하면 팁 없이 결제된다. 참고로 이곳에 있는 이레분식은 하와이 여행 책자에 많이 소개된 이레분식과는 다른 곳이다. 예전 이레분식이 있던 자리에 새로운 건물이 들어서면서 잠시 문을 닫았다가 월마트 건너편 아주르 알라모아나(Azure Ala Moana) 콘도 1층으로 이전했다. 전에는 좀 허름한 분식집 느낌이었는데 이전한 곳은 매우 깔끔하고, 식사 시간이면 밖에 대기 줄이 있을 정도로 여전히 맛집의 명성을 이어가고 있다. 주차는 아주르 콘도 2층에 무료로 할 수 있으며 따로 주차권을 받을 필요가 없다.

일본 마트, 돈키호테

대형마트에 가면 모든 식재료를 대량으로 팔아 혼자 사다 먹기에는 난감할 때가 있다. 일본 마트인 돈키호테에서는 소량으로 파는 식재료가 많아 혼자 해 먹을 재료를 사기 안성맞춤이다. 고기도 부위별로 손질이 되어 있어 하려는 요리에 따라 고기를 선택하기도 좋다. 이곳에는 주로 일본 제품들과 일본 식재료가 많고 한국의 식재료와 과자도 찾아볼 수 있다. 관광객들을 위한 기념품 코너와 의약품, 건강식품 코너도 있으며, 일본 화장품도 이곳에 가면 볼 수 있다. 베이커리, 도시락, 주류 코너에 한인 마트보다 종류가 다양하다. 한인 마트에 한국의 마트에서 흔히 보는 종류의 빵들이 있다면 돈키호테에는 일본에서 파는 달콤한 빵들과 과자들이 있다. 도시락 코너에는 초밥 도시락도 있어 한인 마트와 다른 도시락들을 고를 수 있는 재미가 있다. 반찬 코너 쪽으로 가면 다양한 종류의 포케도 팔고 있어 포케를 사다가 회덮밥처럼 채소와 함께 비벼 먹는 것도 별미다. 여러 브랜드의 낫토도 있어 나는 이곳에서 낫토를 정기적으로 사다 놓고 아침 식사로 먹는다. 돈키호테에는 아기자기한 식기류도 있다. 크기별로 사용할 수 있는 찜통도 있고 아이디어 좋은 주방 도구들도 많다. 또한 돈키호테 입구에 다양한 음식점과 떡집이 있다. 테이크아웃한 음식을 앉아서 먹을 수 있는 벤치들이 많아 이것저것 쇼핑하고 배를 채우면 반나절은 금방 지나가기도 한다. 나이가 60세 이상이라면 매주 화요일 세일 품목이 아닌 모든 정가 품목에 대해 할인을 적용받을 수 있다. 이때 할인받기 위해서는 신분증을 꼭 지참해야 한다.

돈키호테 호놀룰루점(Don Quijote Honolulu)
801 Kaheka St, Honolulu, HI 96814 미국
+18089734800

푸드랜드와 홀푸드

알라모아나 쇼핑몰 지하 1층에 있는 푸드랜드(Foodland)는 대형마트로 접근성이 좋고 쾌적하다. 넓은 매장에서 다양하고 신선한 식재료를 살 수 있다. 평소에 본 적 없는 다양한 식재료도 많아 시간 가는 줄 모르고 구경하게 된다. 푸드랜드는 24시간 운영하기 때문에 아무 때나 가서 도시락을 사 먹을 수 있다. 마트의 규모가 큰 만큼 도시락의 종류도 다양하다. 음식 코너도 한쪽에 마련되어 있어 장 보다가 배고플 때 초밥, 치킨, 피자, 도넛 등으로 배를 채우기도 좋다. 이곳은 포케 종류가 다양한데, 푸드랜드 포케가 특히 맛있어서 평이 좋다. 한국 식재료가 꼭 필요한 상황이 아니라면 이곳에서 장을 보는 것이 선택의 폭이 넓고 진열이 깔끔하게 되어 있어 추천한다.

푸드랜드(Foodland Farms Ala Moana)
1450 Ala Moana Blvd, Honolulu, HI 96814 미국
+18089495044

홀 푸드(Whole Foods)는 워드 빌리지라는 하와이 부촌 안에 있는 마트다. 다른 마트에 비해 가격이 약간 비싼 경우도 있지만, 가장 깔끔하고 품질이 좋다. 품목에 따라 홀 푸드에서 파는 품목이 다른 곳보다 저렴하기도 한데 특히 달걀 가격이 저렴해 나는 항상 이곳에서 구매한다. 또 홀 푸드에서 파는 피자가 맛있어 홀 푸드로 장을 보러 갈 때면 꼭 피자를 한 조각 사 먹고 온다. 여러 마트에서 베이글을 사봤는데 홀 푸드에서 산 베이글이 가장 좋은 재료를 사용하며 맛있었고, 케이크 역시 전문점 못지않은 맛이다. 가격표에 'Prime'이라고 적힌 스티커 밑에 할인 가격이 붙은 물건이 있는데, 미국 계정의 아마존 프라임 멤버에게만 할인가가 적용된다.

홀 푸드(Whole Foods Market)
388 Kamakee St, Honolulu, HI 96814 미국
+18083791800

그 외 대형마트

월마트(Walmart)와 코스트코는 우리가 흔히 알고 있는 대형마트다. 월마트에서는 해변에 가기 전 필요한 용품과 기념품들을 사러 가기 좋고, 식재료나 생활용품도 저렴하게 구입할 수 있다. 미국 브랜드 중에서 같은 주방 세제도 다른 마트보다 월마트에서 더 저렴하게 판매한다. 알라모아나 쇼핑몰에 타겟(Target)이라는 마트가 주차장을 사이에 두고 연결되어 있는데 이곳에서 간단한 식료품부터 의류, 생활용품, 가구 등을 구매할 수 있다. 하와이에서 입을 만한 옷을 저렴하게 구입하고 싶다면 가성비 좋은 쇼핑이 가능하다. 한 달 살기에 필요한 다양한 생활용품도 구매할 수 있다.

코스트코에서는 멤버십 카드가 있다면 기념 선물을 가장 저렴하게 구매 가능하다. 나는 항상 한국에 방문하기 전 지인들에게 줄 선물로 주로 하와이 초콜릿 몇 박스를 코스트코에서 산다. 만약 여러 명이 함께 바비큐 파티를 하기 위해 많은 양의 고기를 사러 가거나 킹크랩이나 랍스터를 사러 간다면 코스트코에서 만족스러운 쇼핑을 할 수 있다. 코스트코는 관광 중심지와는 거리가 좀 있어 차량을 렌트하는 날 쇼핑을 계획하는 게 좋다.

타겟(Target)
1450 Ala Moana Blvd Suite 2401, Honolulu, HI 96814 미국
+18082067162

월마트(Walmart)
1032 Fort Street Mall, Honolulu, HI 96813 미국
+18084899836

저렴한 쇼핑 팁

노드스트롬 랙, TJ MAX, **로스**

하와이에 관광을 오면 주로 알라모아나 쇼핑센터와 와이
켈레 아웃렛에서 쇼핑을 하지만, 로스(Ross)와 노드스트
롬 랙, TJ MAX에 가면 재고 상품을 최저 할인가로 득템
할 기회를 얻을 수 있다. 관광객들이 가기에 좋은 로스 매
장의 위치는 와이키키, 알라모아나 쇼핑몰, 월마트 건너편

노드스트롬 랙(Nordstrom rack)
2255 Kūhiō Ave. Suite 200, Honolulu, HI 96815 미국
+18082752555

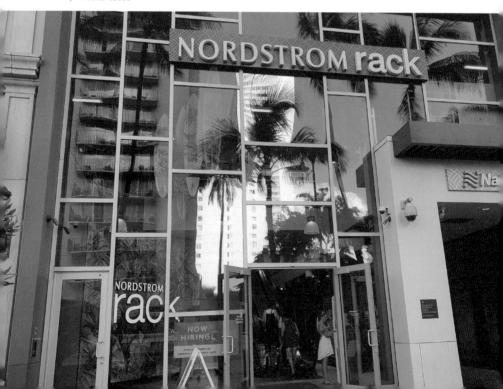

인데 이 외에도 여러 곳에 있다. 와이키키 내에 로스와 노드스트롬 랙이 서로 가까운 위치에 있고, 알라모아나 근처 워드빌리지 내에 노드스트롬 랙과 TJ MAX가 있다. 로스에서는 주로 운동복이나 캐리어를 사는 사람들이 많고, 우리 알고 있는 브랜드 아기 옷을 10달러도 안 되는 가격에 살 수 있다. 오래 머무는 경우 필요한 생활용품과 스크래치가 있는 소형 가구도 있다. 우리 집에는 로스에서 구입한 20~30달러 정도의 냄비와 후라이팬이 있는데 잘 사용하고 있다. 아기가 태어난 후 필요한 바퀴 달린 아기 용품 수납 카트도 여기서 저렴하게 구입했다. 종종 다른 마트에서 찾기 힘든 물건을 로스에서 찾을 때도 있다.

로스 호놀룰루점(Ross Dress for Less)
711 Ke'eaumoku St, Honolulu, HI 96814 미국
+18089450848

와이켈레 아웃렛

하와이에 관광 오면 와이켈레 아웃렛(Waikele Premium Outlets)이 필수 코스인데 품목에 따라서는 와이키키에서 할인받아 산 물건보다 비싼 경우가 있다. 일 년 내내 더운 하와이에서는 곳곳에서 크록스 매장을 볼 수 있다. 항상 1+1 행사를 하고 있어 여러 켤레 사는 경우 와이켈레에서 사는 것보다 저렴하다. 크록스 마니아들은 파츠도 많이 구입하는데 파츠 역시 와이켈레 매장에서 사는 것이 생각보다 저렴하지 않다. 와이켈레 아웃렛에서 할인을 받을 수 있는 방법으로 'SIMON'이라는 앱이 있다. 앱을 설치하면 할인 쿠폰을 받을 수 있는데 결제할 때 점원에게 보여주기만 하면 된다. 한국인들이 주로 들르는 매장 중 코치는 1+1 할인이 많아 친구나 가족끼리 함께 가서 같은 품목을 사면 할인 혜택이 쏠쏠하다. 미리 폴로 팩토리 아이디를 만들면 할인 코드를 받을 수 있고, 옷을 사면 해당 영수증으로 며칠 후 물건을 살 때 할인받을 수 있다. 와이켈레 폴로 매장에 두 번 이상 방문 예정이라면 필요한 옷을 몇 벌만 사고 나머지 몇 벌은 다음 방문 때 할인을 받아 사는 것도 좋은 방법이다. 타미힐피거 성인 매장에서 구입하면 키즈 매장 할인 쿠폰을 주며, 계산할 때 회원 가입하면 15% 추가 할인을 받을 수 있다. 또 그 영수증에 있는 할인 쿠폰으로 캘빈 클라인 매장에서 할인을 받을 수가 있다. 매장을 시계 반대 방향으로 돌다 보면 타미힐피거 다음에 캘

빈 클라인 매장이 나와 쇼핑을 하면 할수록 할인 기회가 점점 많아진다. 토리버치는 한국에서 살 때보다 거의 절반 값에 살 수 있어 항상 한국인들로 매장이 꽉 차 있다. 올드 네이비에서는 아이들 옷이 연령대별로 사이즈와 디자인이 다양하고 가격도 매우 저렴해 아이들을 위한 선물 고르기 좋다. 남편 옷을 사러 바나나 리퍼블릭에 종종 들르는데, 와이키키에 있는 매장에 비해 종류도 다양하고 가격도 훨씬 저렴해서 항상 이곳에서 구매한다. 와이켈레에 새로 입점한 The Cosmetic Company Store에서는 유명한 브랜드의 화장품들이 크게 할인된 가격으로 판매되고 있어 비싼 화장품 선물을 저렴하게 구입하기 좋다.

추천하고 싶은 맛집

코로나 이후로 많은 것이 변화했는데 물가 상승과 더불어 팁도 증가했다. 현재 기준으로 팁은 15% 이상이며, 계산서에 자동적으로 팁이 부과되는 곳들이 있어 팁을 이중으로 내지 않도록 주의 깊게 확인해야 한다. 간혹 미국 내 한인 신문에 팁으로 인한 분쟁 기사가 올라오기도 하는데 의무는 아니지만 현지의 문화이니 팁을 주는 것이 기본적인 예의라고 생각한다. 미국에서는 물건을 사거나 음식을 사 먹을 때 항상 원래 가격에 세금이 따라붙는데, 식당에서 음식을 먹고 세금과 팁까지 내고 나면 생각보다 많은 요금을 지불하게 된다. 한 달 살기를 하면서 가끔은 음식을 포장해서 해변가 벤치에서 풍경을 즐기며 먹거나 숙소에서 편안하게 드라마 한 편 보면서 먹는 것도 좋은 방법이다. 푸드 코트나 푸드 트럭은 계산할 때 'no tip' 옵션이 있어, 팁을 주지 않고 사 먹을 수가 있다. 양이 많은 음식은 테이크아웃해서 나눠 먹을 수 있어 요리하기 귀찮을 때 편리하다.

한식이 생각날 때

해외 여행 중 한식이 생각날 때가 있다. 하와이에도 한식당이 여러 곳 있다. 하와이 로컬 한인들이 많이 가는 맛집 몇 군데를 소개한다. 대부분 한인 식당은 웬만한 한식 메뉴를 갖추고 있어 다양한 한식 메뉴를 즐길 수 있다.

밀리언과 밀리언 투

한식으로 유명한 식당은 밀리언(Million)과 최근 생긴 밀리언 투(Million Two)가 있다. 밀리언은 오래전부터 맛집으로 자리 잡은 식당이고, 밀리언 투는 한동안 유명했던 버드나무 식당이 코로나19 이후로 문을 닫고 그 자리에 새로 오픈한 식당이다. 간판에는 그냥 'Million'이라고 되어 있지만 두 식당의 이름이 같아 최근 생긴 식당에 Two를 붙여서 구분한다. 밀리언에서 가장 즐겨 먹는 메뉴는 오이 물냉면과 보쌈 정식이다. 오이 물냉면은 한국에서도 생각날 정도로 맛있어 강력 추천한다. 그 외에도 흑염소탕부터 도가니탕, 각종 찌개, 돌솥비빔밥, 떡볶이 등 한식에서 찾을 만한 메뉴는 거의 다 있다. 밀리언 투도 메뉴는 비슷하며, 특히 하와이 내에서 곱창과 막창이 가장 맛있는 집이라고 생각한다.

밀리언(Million Restaurant at Sheridan)
626 Sheridan St, Honolulu, HI 96814 미국
+18085960799

돼지공주(Cafe Princess Pig)
1350 S King St, Honolulu, HI 96814 미국
+18083697578

돼지공주

돼지공주(Cafe Princess Pig)는 한국 포차가 그리울 때 가볼 만한 곳
이다. 이곳은 야식집으로 워낙 유명해 저녁에 가면 항상 한인들로
꽉 차 있다. 손님이 많아 음식이 나오기까지 기다리는 시간이 긴 편
이다. 돼지공주에는 닭발과 철판 도시락도 있어 야식이 생각날 때
종종 가곤 한다. 한쪽 방에 노래방도 마련되어 여러 명이 함께 노래
방을 이용하면서 식사할 수도 있다. 논알코올 맥주도 판매하고 있
어 임신했을 때 술이 생각나면 논알코올 맥주로 기분을 내기도 했
다. 내부는 생각보다 약간 작고 허름해서 정겨운 포차 느낌이 나기
도 한다.

두꺼비 식당과 젠

팔라마나 돈키호테 근처에서 한식으로 배를 든든하게 채우고 싶다면 두꺼비 식당(Frog House Restaurant)을 추천한다. 각종 탕류, 찜류가 다양하고 돌솥밥이 맛있다. 쭈꾸미 볶음, 삼겹살, 순대볶음과 함께 술 한잔 하기도 괜찮고, 합리적인 가격에 먹고 싶은 웬만한 한식 메뉴는 다 해결할 수 있다. 하와이 여행 중 청국장이 생각난다면 두꺼비 식당에서 제대로 된 청국장을 맛볼 수 있다. 집에서 청국장을

젠(Gen Korean BBQ House)
1450 Ala Moana Blvd #4250, Honolulu, HI 96814 미국
+18089445227

끓이면 냄새가 오래 가기 때문에 웬만하면 밖에서 사 먹는데, 이럴 때 두꺼비 식당을 간다.

고기를 배가 터지도록 실컷 먹고 싶은 날에는 알라모아나 쇼핑센터 4층에 있는 젠(Gen)을 추천한다. 고기를 무한 리필로 한국의 고깃집처럼 불판에 구워 먹을 수 있으며 직원들이 매우 친절하다. 소고기와 돼지고기 부위를 다양하게 먹을 수 있고 반찬이 다양해 편식하더라도 걱정 없이 갈 수 있다. 심지어 찌개까지 나온다. 개인적

으로 추천하는 부위는 우설인데, 고기가 매우 얇고 부드러워 불판에 살짝만 익혀 먹으면 고소한 고기가 입안에서 녹는 듯하다. 또한 젠만의 특제 소스인 크레이지 소스를 요청할 수 있는데 이 소스가 별미다. 4세 이하 어린이는 무료이고 5세~10세 어린이는 반값으로 식사를 할 수 있어 아이들을 데리고 외식을 하기에도 부담이 적다.

서울 순두부

와이키키를 벗어나지 않고 한식을 먹고 싶다면 내가 자주 가는 서울 순두부가 있다. 이 가게는 하와이 여행객들이 한 번씩은 들른다는 마루카메 우동집 바로 건너편에 위치해 있다. 깔끔한 인테리어로 들어갈 때부터 기분이 좋아지고 야외 파라솔 아래에 앉아 와이키키의 번화한 거리를 바라보며 식사를 하면 절로 관광지에 온 기분이 난다. 순두부찌개 외에도 닭갈비, 각종 전 등 다양한 메뉴가 준비되어 있는데 어느 하나 맛없는 메뉴가 없다. 비 오는 날 저녁, 두부 구이에 막걸리를 먹었는데 와이키키 한복판에서 시원하게 비오는 날 즐기는 막걸리의 맛과 그 기분은 잊을 수가 없다. 순두부찌개의 종류가 열한 가지나 될 정도로 다양한 것이 특징이며 맵기 조절도 가능하다. 개인적으로 명란 순두부가 좋았고, 하와이에서 먹어본 순두부찌개 중에서는 이 식당이 제일 맛있었다.

서울 순두부(Seoul Tofu House)
2299 Kūhiō Ave. Space C, Honolulu, HI 96815 미국
+18083760018

하와이 나라별 맛집

보일링 크랩

여러 종류의 맛집 탐방도 빼놓을 수 없다. 하와이에서 최근 뜨고 있는 카카아코라는 동네에 있는, 하와이의 가로수길로 불리는 SALT 쪽으로 가면 보일링 크랩(Boiling Crab)이 있는데, 쉽게 말해 미국식 해물찜 요리를 맛볼 수 있는 식당이다. 랍스터와 각종 해물을 선택해서 주문하는 방식인데, 처음 가면 주문이 복잡해 어떤 메뉴를 시

보일링 크랩(The Boiling Crab)
330 Coral St, Honolulu, HI 96813 미국
+18085182935

켜야 할지 난감할 수 있다. 그럴 땐 옥수수, 소시지, 감자, 홍합이 들어 있는 콤보를 시켜 다양한 재료를 같이 맛보는 것을 추천한다. 맵기 조절도 가능한데, 중간 수준의 맵기가 신라면 정도라고 생각하면 된다. 콤보 메뉴 하나를 시켜 마지막에 밥까지 비벼 먹으면 세 명이 배불리 먹을 수 있는 정도의 양이다. 한국의 횟집에 가면 비닐을 깔아 놓은 것처럼 테이블 전체가 덮여 있고 큰 비닐에 소스와 함께 담겨 나오는 음식을 그 위에 쏟아붓는다. 비닐장갑과 작은 앞치마가 제공되어 편하게 먹을 수 있고, 매장에 손을 씻을 수 있는 세면대도 따로 마련되어 있다.

랍스터 킹

중식 스타일의 크랩 요리를 맛보고 싶다면 월마트 근처에 있는 랍
스터 킹(Lobster King)에 가면 된다. 하와이 내에서는 나름 유명한
맛집이라 매장에 유명 인사들의 사인이 걸려 있고 갈 때마다 대기
가 길다. 입구에 들어서면 한국의 횟집처럼 수조가 있고 그 안에 커
다란 가재와 게가 있어서 들어가자마자 눈길을 사로잡는다. 이곳
은 중식 메뉴가 다양해 웬만한 중식 메뉴는 다 골라 먹어볼 수 있
다. 해물짬뽕을 시키면 그릇이 넘칠 것처럼 해물이 푸짐하게 나오
는데, 한국에서 먹던 짬뽕보다는 맵지 않고 중독성 있는 맛이라 갈
때마다 시켜 먹는 메뉴다. 사장님이 한국 사람이라 한국어 주문이

랍스터 킹(Lobster King)
1380 S King St, Honolulu, HI 96814 미국
+18089448288

가능하며, 랍스터 한 마리를 시키면 살아 있는 랍스터를 가져와 직접 보여주고 요리한다. 내가 이 식당에 처음 방문했을 때 직원이 엄청나게 큰 랍스터를 들고 나타나자 염치 불고하고 사진을 엄청 찍었는데, 친절하게 내가 랍스터를 들고 있는 사진도 직접 찍어 주었다. 양이 많고 음식이 대체로 짠 편이라 네 명이 간다면 요리 두 가지에 볶음밥을 따로 시켜 먹어도 적당할 것이다. 사람마다 먹는 양이 다르겠지만, 내 경우 사람 수대로 주문하면 항상 음식이 남았다.

일식

하와이는 아시아인 비율이 높은데 그중에서도 일본인의 비율이 높다. 그래서 일식과 초밥 맛집이 많은 편이다. 그중 관광객들보다는 로컬들에게 더 많이 알려진 맛집 몇 군데가 있다. 제대로 된 이자카야 집을 찾는다면 이마나스 테이(Imanas Tei) 식당을 추천하고 싶다. 이곳에서는 신선하고 특별한 일식 요리들을 합리적인 가격에 판매하고 있으며 킹크랩, 연어, 조갯살, 소고기 등이 들어간 찬코 나베가 대표적인 메뉴이다. 나베를 먹고 나서 우동 사리도 넣어 먹을 수 있다. 셰프 바로 앞자리에 앉아서 추천 메뉴를 먹으면 좀 더 특별한 식사를 할 수 있다. 스시, 꼬치 등 다양한 메뉴가 있으며, 저녁에 사케 한잔하면서 제대로 된 일식을 즐기러 오는 사람들로 항상 자리가 꽉 차 있다. 이곳은 월요일부터 토요일 저녁 5시부터 11

시까지 운영한다.

이마나스 테이(Imanas Tei Restaurant)
2626 S King St #1, Honolulu, HI 96826 미국
+18089412626

일본인들이 찾아가는 스시 맛집 한 곳을 더 소개하자면 아이나바 (I-naba)이다. 이곳은 초밥뿐만 아니라 메밀 소바가 제대로 된 일본 식으로 맛이 일품이다. 초밥에 까다로운 지인이 이 식당에 자주 방문할 정도로 맛과 질은 인정할 만하다. 화요일, 수요일은 휴무이며 문을 닫는 날은 없지만 런치타임이 11시부터 2시까지, 저녁에는 5시부터 8시까지 운영하기 때문에 시간을 잘 확인하고 가야 한다. 홈페이지에서 미리 주문하고 원하는 시간에 픽업도 가능하다.

아이나바(I-naba Honolulu)
1610 S King St # A, Honolulu, HI 96826 미국
+18089532070
홈페이지 https://inabahonolulu.com

맛과 분위기를 즐길 수 있는 맛집

하와이에서 분위기와 맛을 모두 즐길 수 있는 곳을 추천하자면 일리카이 호텔 맨 위층에 있는 씨푸드 레스토랑 페스카(Pesca)와 메리어트 호텔 1층에 있는 이탈리안 레스토랑 아란치노 디 마레(Arancino Di Mare)가 있다. 페스카에서는 다양하고 고급스러운 해산물 요리를 맛볼 수 있을 뿐만 아니라 뷰도 환상적이다. 저녁에 가면 와이키키 바다로 지는 해를 보며 식사를 즐길 수 있어 데이트 장소로 안성맞춤이다. 또한 멋진 뷰를 배경으로 스몰 웨딩도 가능하다. 가격대가 좀 비싼 편이라 3시부터 6시 사이 해피아워에 방문하면 좀 더 저렴하게 이용할 수 있다.

페스카(PESCA Waikiki Beach)
1777 Ala Moana Blvd 30th Floor, Honolulu, HI 96815 미국
+18087773100

아란치노 디 마레는 할레아이나 어워드(Hale 'Aina Award)에서 선정한 하와이 최고의 이탈리안 레스토랑이다. 이곳은 이탈리아에서 수입한 최고급 재료만 사용한다고 한다. 실내뿐만 아니라 야외 테라스도 마련되어 있어 저녁에 시원한 자연 바람을 맞으며 식사가 가능하다. 또 키즈 메뉴를 주문하면 캐릭터 모양의 피자가 나온다. 먹어 본 중에는 우니 파스타와 버섯 리조또가 특히 맛있었고 피자

중에는 새우 피자를, 후식으로는 티라미수 케이크를 추천한다. 메
뉴는 영어와 일본어로 되어 있으며, 워크인도 가능하지만 워낙 손
님이 많은 곳이라 꼭 예약하고 가는 것이 좋다.

아란치노 디 마레(Arancino Di Mare)
2552 Kalākaua Ave, Honolulu, HI 96815 미국
+18089316273

와이키키를 좀 벗어나면 카할라 리조트 내에 저녁에만 운영하는 호쿠스(Hokus)라는 고급 레스토랑이 있다. 밸런타인데이에 남편이 이 레스토랑을 겨우 예약해서 다녀왔다. 식사도 완벽했지만 특별한 날이라 테이블이 장미 꽃잎으로 장식이 되어 있어 로맨틱한 분위기에서 저녁 식사를 즐길 수 있었다. 이곳은 하와이 3대 레스토랑으로 알려져 있으며 셰프들이 시도하는 창의적인 코스 요리를 맛볼 수 있다. 창가 자리에 앉으면 해변을 감상하며 식사할 수 있고, 덤으로 예술적인 플레이팅도 즐길 수 있다. 월요일은 휴무이며 일요일에만 오전 9시부터 오후 1시까지 브런치를 운영한다. 1인당

약 80달러로 가격이 비싼 편이지만 랍스터, 킹크랩을 포함해 다양하고 신선한 요리들이 제공되어 가격만큼 만족스러운 식사를 할 수 있다.

호쿠스 카할라(Hoku's Kahala)
5000 Kahala Ave, Honolulu, HI 96816 미국
+18087398760

분위기 좋은 곳에서 술 한잔

분위기 좋은 곳에서 술 한잔하기 괜찮은 곳으로는 로열 하와이안 호텔 안에 있는 마이 타이(Mai Tai), 프린스 호텔 와이키키 안에 있는 100 세일즈(100 Sails Restaurant&Bar), 와이키키 중심가에 있는 스카이 와이키키(Sky Waikiki)를 추천한다. 세 곳 모두 식사도 가능하지만 가볍게 음료나 술만 마시며 하와이 느낌이 나는 멋진 뷰를 감상하기도 좋은 곳들이다. 오전 6시 30분부터 10시 30분까지 브런치를 운영하는 서프 라나이(Surf Lanai), 오후 5시 30분부터 8시 30분까지 디너를 운영하는 아주어(Azure)의 야외에서 운영하는 마이 타이는 해변가에 위치해 활기찬 기운 속에서 술 한잔하기 좋다. 한쪽에서는 라이브 음악을 연주하는데 듣고 싶은 노래를 신청하면 불러주기도 한다. 가장 추천하고 싶은 메뉴는 트러플 감자튀김인데, 트러플 향이 퍼지는 감자튀김의 맛이 예술이다. 프린스 호텔의 100 세일즈 레스토랑에서는 디너 타임인 5시부터 식사를 하지 않아도 바 테이블에서 음료만 주문하는 것이 가능하다. 전면이 유리로 되어 있어 저녁 시간에 바에 앉아 로맨틱한 분위기 속에서 해변으로 떨어지는 해를 감상할 수 있다. 호텔 5층에서는 오전 11시부터 저녁 7시 30분까지 인피니티 풀 옆에 히나나 바(Hinana Bar)를 운영한다. 풀사이드 라운지 좌석에 편안하게 앉아 칵테일 한잔하며 일몰을 감상하는 것도 운치 있다. 프린스 호텔 와이키키 내에 있

마이 타이(Mai Tai Bar)
2259 Kalākaua Ave, Honolulu, HI 96815 미국
+18089237311

는 이 곳들 중 어디를 이용하든 6시간 주차 밸리데이션을 받을 수가 있다. 근처 힐튼 라군에서 물놀이하고, 가볍게 음료 한잔하면서 쉬다 가면 주차 요금 걱정 없이 하루를 즐길 수 있다. 스카이 와이키키는 19층 루프탑에 위치해 다이아몬드 헤드를 비롯해 와이키키의 빌딩 숲을 파노라마 뷰로 내려다볼 수 있는 곳이다. 식사는 예약해야 하지만 바 테이블은 예약 없이 이용 가능하다. 건물 꼭대기 야외 바라 낮에는 해가 뜨거워 해를 가릴 큰 우산을 대여해 주기도 한다. 해가 질 때쯤 방문하면 라이브 음악과 어우러지는 일몰을 볼 수 있어 저녁 시간에는 사람들로 꽉 차 있다.

100 세일즈(100 Sails Restaurant&Bar)
100 Holomoana St 3rd Floor, Honolulu, HI 96815 미국
+18089444494

히나나 바(Hinana bar)
100 Holomoana St, Honolulu, HI 96815 미국

스카이 와이키키(SKY Waikiki Raw&Bar)
2270 Kalākaua Ave, Honolulu, HI 96815 미국
+18089797590

하와이에서 즐기는 브런치

와이키키에도 맛있는 브런치를 먹을 수 있는 곳들이 많지만, 카할라 리조트에 있는 플루메리아(Plumeria)에서는 가성비 좋은 브런치를 즐길 수 있다. 고급 리조트 식당임에도 가격이 저렴한 편인데 맛은 기대 이상이다. 아침에 조금만 부지런히 움직여 와이키키 외곽으로 나오면 리조트 투숙객들만 이용하는, 깔끔하게 잘 정비된 조용한 해변가에서 눈과 입이 즐거운 시간을 보낼 수 있다. 4시간 주차 밸리데이션을 받을 수 있어 카할라 리조트 내 비치에 발도 담그고 로비의 편안한 소파에 앉아 돌고래들을 구경하며 잠시 쉬면 기

플루메리아(Plumeria Beach House)
5000 Kahala Ave, Honolulu, HI 96816 미국
+18087398760

분 좋은 하루를 시작할 수 있다.

하와이 추천 메뉴, 스테이크와 로코모코

하와이에서 꼭 한 번씩은 먹어 보는 메뉴 중 하나가 스테이크다. 알려진 스테이크 맛집이 많지만 특히 추천하고 싶은 곳은 듀크 카하나모쿠 동상 바로 근처의 모아나 서프라이더 호텔 1층에 있는 더 베란다(The Veranda) 레스토랑이다. 앞서 잠깐 소개한 곳으로, 테라스가 와이키키 비치와 연결되어 해변의 활기찬 분위기를 느끼는 동시에 고급스러운 분위기에서 식사를 할 수 있는 곳이다. 또한 하와이 대부분의 스테이크 가게에서는 고기에 미리 간이 되어 짜다고 느끼는 경우가 많은데 이곳의 스테이크는 짜지 않고 육질도 부드럽다.

더 베란다(The Veranda)
5000 Kahala Ave, Honolulu, HI 96816 미국
+18087398760

꼭 먹어야 할 현지 음식은 로코모코다. 한국에서도 만둣국 맛이 가게마다 다르듯 로코모코 역시 식당마다 맛이 다르다. 그중 내가 꼽는 로코모코 맛집 두 곳이 있다. 쇼어파이어(Shorefyre International

Marketplace)의 로코모코는 약간 불맛이 나면서 볶음밥 느낌도 나고 한국인 입맛에 잘 맞는다. 울프강 스테이크하우스의 로코모코는 요리 자체는 아주 심플해 보이지만 고급 레스토랑인 만큼 고기와 소스의 풍미가 남다르다. 런치 타임에 가면 약 14달러의 착한 가격으로 먹을 수 있다.

쇼어파이어(Shorefyre International Marketplace)
2330 Kalākaua Ave Ste 396, Honolulu, HI 96815 미국
+18086722097

울프강 스테이크하우스(Wolfgang's Steakhouse Waikiki)
2301 Kalākaua Ave, Honolulu, HI 96815 미국
+18089223600

베트남 쌀국수

하와이를 포함한 미국 내에는 여러 문화가 섞여 살고 있어, 다양한 국가의 음식이 있다. 그중 현지인들이 인정하는 베트남 쌀국수 가게로 포 홍란(Pho Huong Lan)이 있다. 이 식당은 차이나 타운에 위치해 와이키키에서 좀 떨어져 있지만 정말 맛있는 베트남 쌀국수를 맛볼 수 있는 곳이다. 포 홍란은 현지에 사는 한국인 지인들이

해장하러 자주 찾는 식당이다. 주말 이른 점심시간에 가면 벌써 밖에 대기 줄이 있을 때도 있으며, 현지 베트남 사람들이 많이 찾는 식당이기도 하다. 와이키키에서 좀 가까운 베트남 쌀국수 맛집을 찾는다면 알라모아나 쇼핑센터 근처의 포 사이공(Pho Saigon)이 괜찮은데 가격은 포 홍란보다 좀 비싼 편이다. 베트남 쌀국수는 국물이 생명인데, 개인적으로 이 두 곳의 국물이 가장 맛있었다.

포 홍란(Phở Huong Lan)
1250 Maunakea St #129b, Honolulu, HI 96817 미국
+18085386707

색다른 음식들

그 밖에도 전망 좋은 루프탑 멕시칸 레스토랑 부호 코시나 칸티나
(Buho Cocina y Cantina)에서는 현지 재료로 만든 멕시코 요리와 칵
테일을 즐길 수 있다. 스페인 음식점 리고(Rigo)와 워드 빌리지에
위치한 터키 음식점 이스탄불 하와이(Istanbul Hawaii)도 추천한다.

와이키키에서 해수욕을 즐기며 놀다가 간단한 식사로 편하게 한
끼 해결하고 싶다면 로열 하와이안 센터 푸드 홀을 가면 된다. 매일
그날의 스페셜 메뉴를 9달러에 판매하고 있어 저렴한 가격에 메뉴
를 맛볼 수 있다. 와이키키 H&M 매장 건너편에는 아일랜드 빈티

지 커피(Island Vintage Coffee Waikiki)가 있는데, 이곳에서도 현지 식재료로 만든 음식을 주문해 야외 테이블에서 먹을 수 있어 항상 매장 밖까지 줄이 이어져 있다.

부호 코시나 칸티나(Buho Cocina y Cantina)
2250 Kalākaua Ave #525, Honolulu, HI 96815 미국
+18089222846

리고(Rigo Spanish Italian restaurant)
885 Kapahulu Ave, Honolulu, HI 96816 미국
+18087359760

이스탄불 하와이(Istanbul Hawaii)
1108 Auahi St STE 152, Honolulu, HI 96814 미국
+18087724440

아일랜드 빈티지 커피(Island Vintage Coffee Waikiki)
2301 Kalākaua Ave #C215, Honolulu, HI 96815 미국

로열 하와이안 센터 푸드 홀(Royal Hawaiian Center Food Hall)
2201 Kalākaua Ave, Honolulu, HI 96815 미국
+18089222299

여행 시 유용한
꿀팁

여권 잃어버렸을 때

해외에서 돌아다니다 보면 여권을 잃어버릴 때가 있다. 출국 날짜
가 얼마 남지 않았다면 항공권도 바꿔야 하고, 모든 일정이 엉망이
되어 버린다. 숙소까지 연장해야 하니 추가 비용도 만만치 않다. 이
때 영사관으로 가서 임시 여권을 신청하면 빠르면 당일 또는 다음
날 오전까지 임시 여권을 발급받을 수 있다. 임시 여권 신청할 때
여권 사진이 필요하니 만약을 대비해 여권 사진을 챙겨 가면 좋다.
만약 여권 사진이 없다면 알라모아나 쇼핑몰 건너에 있는 레인보
우 사진관을 추천한다. 레인보우 사진관에서는 약 10달러에 여권

사진을 찍을 수 있다. 영사관에 가면 임시 여권 발급 신청서에 신청 사유를 적게 되어 있는데 분실, 병원 치료 등으로 적으면 된다.

나는 여권 만료 기간 때문에 난항을 겪은 적이 있다. 한국에 두 달간 방문하기 위해 비행기를 타러 짐을 바리바리 싸 들고 공항에 갔는데 여권이 만료된 걸 모르고 있었기 때문이다. 갑자기 비행기를 탈 수 없다는 말에 눈앞이 캄캄해졌다. 남편은 태연하게 웃으며 이렇게 배우는 거라며 빨리 영사관으로 가자고 했다. 임시 여권 신청서에 비행 날짜를 적어야 하므로 비행기가 뜨기 전에 빨리 항공사에 전화해서 비행 날짜를 먼저 변경하고, 임시 여권 신청서를 제출했다. 임시 여권 발급 비용은 50달러인데 꼭 현금으로 내야 한다. 만약 당장 현금을 구할 곳이 없다면 가족이나 친지가 영사관을 통해 돈을 보내 줄 수 있는 서비스를 이용할 수 있다. 1회에 한해 미화 3천 달러까지 송금받을 수 있어 현금을 도난당했을 때도 용이한 서비스다. 영사관에 송금 요청을 하고, 국내 연고자가 영사관 콜센터에 전화해 송금 절차를 안내받아 외교부 협력 은행(우리은행, 농협, 수협)에 입금하면 여행자가 영사관에 방문해 직접 수령한다.

긴급한 상황에 영어가 안 된다면

신체 또는 재산상 심각한 손해가 발생하거나 발생할 위험이 생겼을 때 긴급한 상황에서 영어가 되지 않으면 하늘이 무너지는 심정일 것이다. 이때 영사관의 통역 서비스를 이용하면 통역관이 민원인과 통화 후 현지 관계자에게 통역하여 전달한다. 이 서비스는 24시간 운영하고 있으며, 사적인 용도로 이용할 수 없다. 통역 서비스를 이용할 수 있는 상황은 다음과 같다.

경찰서 : 체포, 구금, 도난, 분실, 실종, 폭행 등으로 의사소통이 필요한 경우
출입국 : 입·출국 심사 지연 및 그 외 문제로 의사소통이 필요한 경우
공항 및 교통 등 : 탑승, 고립 등 이동을 하기 위한 의사소통이 필요한 경우
병원 : 해외 체류 중 질병, 사고에 따른 진료로 의사소통이 필요한 경우
숙소 : 여행 중 호텔 등 숙소에서 분쟁 등의 문제로 의사소통이 필요한 경우

출처 : 외교부 해외안전여행 홈페이지

영사 콜센터에 쉽게 연락하기 위해 '영사 콜센터'를 SNS 메신저 친구 등록해 두면 긴급 상황에서 당황하지 않고, 침착하게 대처할 수 있다.

여행자 보험 팁

여행하다 보면 여행지에서 예상치 못한 일들이 발생한다. 핸드폰이나 여권을 잃어버릴 수도 있고, 항공기 수하물이 지연되는 경우도 생긴다. 해외에서는 현지 음식을 잘못 먹고 식중독에 걸리거나 배탈이 나는 경우도 종종 생긴다. 이곳저곳을 다니고, 다양한 액티비티를 하다 보면 예기치 못한 골절 사고가 발생하기도 한다. 나 역시 여행 중 핸드폰이 바다에 빠져 나중에 핸드폰 수리비를 보험사에 청구한 일이 있었다. 이런 상황에서 몇만 원으로 보장을 받을 수 있으니 여행자 보험은 꼭 들어야 한다. 특히 코로나19 이후로는 코로나19 관련 보장도 꼭 살펴야 한다. 관광객은 짐이 많아 정신없이 다니다 보면 미처 신경 쓰지 못한 사이에 가방을 소매치기당하는 경우도 생긴다. 이런 부분까지 보상해 주는 보험사들이 많다.

여행자 보험에 가입할 때는 여행자 보험 비교 사이트에서 보험사마다 어떤 상황에서 얼마만큼 보장이 되는지 비교해야 한다. 가입 비용이 다른데 휴대품 배상금이 같기도 하고, 만 원만 더 내면 훨씬 많은 금액을 배상받기도 한다. 핸드폰 로밍할 때 무료로 가입이 되는 여행자 보험도 있지만 보장 범위나 한도가 충분하지 않을 수도 있으니 꼼꼼히 따져야 한다.

보험을 들었다면 나중에 어떻게 보상을 받을 수 있는지도 알아 두면 좋다. 보상을 받기 위해서는 증거 자료가 있어야 하니 보상에 필요한 서류를 꼭 현지에서 준비해야 한다. 예를 들어 병원에 갔었다면 진단서와 영수증이 필요하다. 미국과 연계된 일부 보험사는 현장에서 바로 보험 적용을 받을 수 있어 서류를 따로 준비하지 않아도 된다. 여행사들도 다양한 여행자 옵션을 제공하기 때문에 보험 가입 전 문의해야 한다. 핸드폰이나 휴대품을 도난당했다면 경찰서에서 경위서를 받아오면 된다. 예전에는 여행사에서 받은 확인서도 가능했지만 지금은 경찰서에서 받아온 서류만 인정한다.

참고로 여행자 보험과 상관없이 비행기를 탈 때 수하물로 보낸 캐리어가 파손되었다면 항공사에 보상 요청을 할 수 있다. 이때 항공사 잘못으로 파손되었다는 것을 증명해야 한다. 따라서 수하물을 부치기 전 캐리어의 사진을 미리 찍어 두면 피해 보상 요청을 할 때 증거 자료로 사용할 수가 있다.

예약제로 바뀐 관광지

코로나19 이후 하와이 관광지 입장료가 올랐으며, 예약제로 바뀐 곳도 있어 아무 계획 없이 방문했다가 헛걸음할 수도 있다. 다이아몬드 헤드는 2022년부터 예약제로 바뀌어 관광객은 다이아몬드 헤드 예약 사이트(https://gostateparks.hawaii.gov/diamondhead)에서 예약해야 입장할 수 있다. 주차 또한 예약해야 이용 가능하며 입장 30분 이내에 도착해야 한다. 주차 요금이 10달러, 입장료가 5달러라 주차 요금도 아낄 겸 버스를 타거나 운동 삼아 비키를 타고 가는 것도 좋은 방법이다.

하나우마 베이 역시 자연 보호 차원에서 하루 입장 인원에 제한을 두는 예약제로 바뀌었다. 주차비는 3달러로 현금만 가능하니 차량을 가져간다면 현금을 꼭 준비해야 한다. 입장 가능 인원이 많지 않아 예약이 상당히 어려운데, 예약에 성공할 확률을 높일 수 있는 팁이 있다. 하나우마 베이는 방문 이틀 전 하와이 현지 시간으로 오전 7시에 예약 링크(https://pros2.hnl.info)에서 예약 창이 열리는데 창이 열리자마자 순식간에 예약이 마감된다. 이때 다른 사람들보다 먼저 예약하기 위해서는 인터넷 속도가 빨라야 한다. 하나우마 베이 방문일을 하와이 도착 이틀 뒤로 정한 뒤 인터넷 속도가 빠른 한국에서 미리 예약을 하고 오거나 한국에 있는 지인에게 예약을 부탁하는 방법이 있다. 오후에는 해가 뜨겁기 때문에 오전 시간대가 더 빠르게 마감되어 오후 시간대 예약이 더 쉽다. 워크인도 가능하지만 선착순이라 이것도 쉽지 않다. 입장 요금이 7.5달러에서 현재는 25달러로 상당히 올랐는데도 예약은 항상 꽉 차 있다.

하와이를 느낄 수 있는 곳

매직 아일랜드 무료 비치 요가

하와이의 그림 같은 해변에서 요가를 한다면 생각만 해도 힐링 그 자체다. 그런데 이걸 무료로 할 수 있는 곳이 있다. 하와이 알라모 아나 비치 파크에 있는 매직 아일랜드에 가면 누구나 무료로 피트 니스 요가 수업을 들을 수 있다. 시간에 맞춰 운동복을 입은 사람들 이 모인 곳으로 가면 이름만 적고 참여할 수 있다. 강사들이 센터 홍보도 할 겸 이렇게 매주 무료 수업을 선보이고 있어 실제로 이 수

업에 참여하다가 센터에 등록하는 사람들도 있다. 해변이 보이는 잔디밭 그늘에서 요가를 하고 나면 머릿속이 말끔하게 비워지는 느낌이 들 것이다. 일반인 요가(월요일/수요일 오후 5시 30분, 토요일 오전 8시 30분)뿐만 아니라 임산부 요가(화요일 오후 5시 30분, 토요일 오전 8시 30분)도 있으며, 에어로빅 등 오후 늦게 잔디밭 그늘에 강사와 함께 운동하는 무리가 보이면 워크인으로 참여할 수 있다.

알라모아나 공원 바비큐

알라모아나 비치 파크에 가면 해변가를 따라 테이블과 벤치가 있는데 그 주변으로 사람들이 천막을 치고 바비큐 파티하는 모습을 항상 볼 수 있다. 주말이면 벤치와 테이블은 만석이며 공원을 따라 차들이 꽉 차 있어 주차할 공간을 찾기가 힘들다. 곳곳에 쓰레기통도 비치되어 있으니 아름다운 비치를 잘 보존하고 계속해서 즐기기 위해 주변 정리를 하고 쓰레기는 모아서 쓰레기통에 버리고 가면 된다. 매일 많은 사람이 바비큐를 하고 쓰레기가 많이 나오는데도, 공원에 쓰레기가 굴러다니지 않고 잘 정리되어 있다. 이런 모습을 보면 사람들의 의식에 감탄하게 된다. 저녁에 산책하다 보면 나무들 사이에 해먹을 걸어 놓고 누워 있는 사람들도 있고, 도란도란 모여 앉아 음료 한 잔 들고 시원한 바람을 맞으며 풍경을 감상하는 사람들도 있다. 코로나19 이후로 반려 인구도 늘어서 반려견을 데리고 산책하는 사람들도 눈에 많이 띈다. 이곳에 가면 모두 평화롭

고 즐거워 보여 그중 일부가 되는 것만으로도 마음이 편안해지는
시간이 된다.

알라모아나 공원(Ala Moana Regional Park)
1201 Ala Moana Blvd, Honolulu, HI 96814 미국

파머스 마켓

하와이 곳곳에는 일주일에 한 번 정해진 요일에 파머스 마켓이 열린다. 한국의 오일장처럼 정해진 날짜에 로컬 상점들이 직접 재배한 농산물도 판매하고, 수공예품도 판매하는 등 재미있는 볼거리가 많은 곳이다. 그중 관광객들이 많이 찾는 곳은 와이키키 파머스 마켓, 인터내셔널 마켓 플레이스 파머스 마켓, 카카아코 파머스 마켓, KCC 파머스 마켓 등이 있다. 와이키키 파머스 마켓은 하얏트 리젠시 와이키키 호텔에서 열리고, 인터내셔널 파머스 마켓은 인터내셔널 마켓 플레이스에서 열리며 건물 안이라 음식점보다는 기념품점이 주를 이룬다. 카카아코, KCC 파머스 마켓은 야외에서 열리기 때문에 음식 부스도 다양하게 마련되어 있다. 특이한 로컬 기념품을 사고 싶거나 하와이에서만 나는 과일이나 채소를 찾는다면 파머스 마켓을 추천한다.

나는 토요일마다 한 주 동안 먹을 과일과 채소를 사러 집 근처 파머스 마켓에 가는데 갈 때마다 문전성시를 이루며, 많은 사람이 곳곳에 자리 잡고 앉아 음식을 사 먹는다. 파머스 마켓을 돌다가 지칠 때쯤 사탕수수 음료를 사 먹는데, 갈증 해소에 최고다. 농산물 판매 부스에서 파는 다양한 과일 중에 릴리코이라는 로컬 과일이 있는데, 새콤하면서도 약간 단맛이 나는 과일이다. 먹을 때마다 상큼함이 입안에 가득해져서 비타민 충전과 피로회복에 그만이라 기념품이 고민이라면 푸드랜드(Foodland Farms Ala Moana)에서 릴리코이 버터를 사는 것도 좋다. 만약 다이아몬드 헤드를 방문할 예정이라면 오전에 다이아몬드 헤드 근처 KCC 파머스 마켓에 들러 시장 구경을 하며 배를 채우고, 다이아몬드 헤드 등반을 하는 것도 괜찮은 일정이 될 것이다. 또한 파머스 마켓 폐장 시간이 다가오면 대폭 할인을 하기도 해서 활기찬 시장의 분위기도 즐기며 알뜰 쇼핑의 기회도 얻을 수 있다. 파머스 마켓의 위치와 운영 시간은 다음과 같다.

와이키키 파머스 마켓
위치 : 2424 Kalākaua Ave, Honolulu, HI 96815 미국
운영 시간 : 매주 월요일, 수요일 16:00~20:00

인터내셔널 마켓 플레이스 파머스 마켓
위치 : 2330 Kalākaua Ave, Honolulu, HI 96815 미국
운영 시간 : 매주 목요일 16:00~20:00

카카아코 파머스 마켓
위치 : 919 Ala Moana Blvd, Honolulu, HI 96814 미국
운영 시간 : 매주 토요일 8:00~12:00

KCC 파머스 마켓
위치: Parking Lot C, 4303 Diamond Head Rd, Honolulu, HI 96816 미국
운영 시간: 토요일 7:30~11:00

현지인이 찾는 스팟

카이마나 비치, 와이알라에 비치 파크

하와이 하면 제일 먼저 떠오르는 와이키키 비치 말고도 아름다운 해변이 많다. 와이키키 비치는 항상 사람들로 붐비기 때문에 좀 더 여유롭게 즐길 수 있는 해변을 찾는다면 와이키키 아쿠아리움 옆에 조그만 카이마나 비치(Kaimana Beach)를 추천한다. 크기는 작지만 아는 사람만 찾아가는 곳이라 사람이 많지 않고, 바닷물의 깊이도 깊지 않아 어린이들이 물놀이하기도 적합하다. 스노클링을 하다 보면 각종 물고기가 보이며 바다표범이 나타나기도 한다. 바다표범이 나타나면 물속에서 나오라는 경보가 뜨는데, 바다표범이 해변가에 나와 있을 때 가까이 가는 것이 법으로 금지되어 있다.

와이알라에 비치파크(Waialae Beach park)는 바비큐도 할 수 있고 아주 어린 아이들도 놀 수 있는 얕은 곳도 있어 가족의 피크닉 장소로, 한가롭게 선탠을 즐기기에도 제격인 장소이다. 이곳은 카할라 리조트와도 연결되어 있는데 리조트까지 걸어 들어가면 돌고래 풀장이 있어 돌고래들의 재롱을 구경할 수도 있다. 한 가지 주의할 점은 주차인데, 이 공원의 주차장은 오후 5시면 문을 닫는다. 주차 공간이 많지 않으니 버스나 우버를 타고 가는 것도 좋은 방법이다.

카이마나 비치(Kaimana Beach)
Honolulu, HI 96815

와이알라에 비치 파크(Waialae Beach Park)
4925 Kahala Ave, Honolulu, HI 96816 미국
+18087683003

나도 한다, 하와이 한 달 살기

하와이 트레킹 코스

한 달 살기를 하는 동안 하와이 트레킹 코스를 가보는 것 또한 하와이를 제대로 느끼는 방법 중 하나다. 다이아몬드 헤드는 하와이의 필수 관광 코스 중 한 곳으로, 누구나 한 번쯤 방문하는 곳이다. 천천히 걸으면 1시간 정도 걸리는 코스인데 올라갈수록 가파르고 길이 좁아져 점점 힘들어질 때쯤 정상에 도착한다. 그 외에 추천할 만한 트레킹 코스로는 라니카이 비치 근처의 필박스(Pillbox Hike)인데 꼭대기에 올라 내려다보는 경치가 한 번만 보기에는 아까울 정도다. 오전에 등산하고 바로 옆 라니카이 비치나 카일루아 비치에서 해수욕을 하고 돌아오면 알찬 하루가 된다. 주택가 근처에 주차를 해야 하는데 주차가 쉽지 않아 자리를 찾아 몇 바퀴 씩 돌아야 할 때도 있어 라니카이 비치까지 버스를 타고 와서 걸어 올라가는 사람들도 있다.

하와이 카이 쪽으로 가면 코코 헤드(Koko Head)가 있는데 이 등산 코스 역시 근처에 해양 스포츠를 즐길 수 있는 코코 마리나 센터가 있다. 코코 헤드 등산 코스는 난이도가 있어 평소 체력이 단련되어 있다면 등산 후 패러세일링, 수상 스키, 웨이크보드, 스노클링 등 해양 스포츠를 즐기는 일정을 짤 수 있다. 이곳은 와이키키를 벗어나 한적한 해변에서 해양 스포츠를 마음껏 즐길 수 있는 곳이다.

와이키키에서 차로 20분 정도 거리에 있고 관광객이 많지 않아 연예인들이 종종 이곳에 와서 해양 스포츠를 즐기기도 한다. 뚜벅이라면 버스를 타고 갈 수 있지만 1시간 정도 걸려 여유 있게 가야 한다. 그 외에도 각자 취향에 맞는 등산 코스를 찾기 위해 'Alltrails'라는 앱을 이용할 수 있다. 각 지역의 모든 트레킹 코스에 대한 자세한 소개와 난이도, 방문자 리뷰가 있어 원하는 트레킹 코스를 쉽게 찾을 수 있다. 이 앱은 7일간 무료 사용이 가능하고 그 이후로는 연회비 35,000원을 지불해야 모든 서비스를 이용할 수 있는데 연회비를 내지 않아도 일부 주요 검색 기능은 계속 사용이 가능하다.

코코 마리나 센터(Koko Marina Center)
7192 Kalanianaole Hwy A-143, Honolulu, HI 96825 미국
+18083954737

이웃 섬 저렴하게 다녀오기

하와이는 오아후 말고도 여러 개의 섬이 있는데, 한 달 동안 오아후에만 머물다 가기에는 아쉬울 수 있다. 그렇다고 섬마다 이동할 비행기를 예약하고 숙소를 알아보려면 계획하는 데 드는 시간과 비용이 만만치 않다. 섬 한곳을 구석구석 돌다 보면 더 제대로 된 여행이 될 수 있지만 크루즈를 타고 섬마다 들러서 쭉 훑어보고 나중에 또 방문할 때 다시 가고 싶은 곳에 길게 머물며 여행하는 것을 추천한다. 앞서 크루즈를 통해 일주일간 카우아이, 마우이, 빅아일랜드 섬을 돌았던 여정을 소개했는데 숙소와 식사가 크루즈 비용에 모두 포함이 되어 가성비가 매우 좋았다. 이웃 섬은 오아후보다 숙박비와 물가가 비싸 크루즈를 이용하면 숙박비와 교통비가 크게 절감된다. 또한 밤 시간대에 자면서 이동하므로 시간도 절약할 수 있다. 물론 개별 투어 비용은 따로 부담하나, 렌터카를 이용하거나 골프를 치고 돌아오는 등 마음대로 선택해서 섬을 돌아볼 수 있어 추가 비용은 선택에 따라 천차만별이다. 하와이에는 섬마다 세계적으로 아름답기로 유명한 골프 코스들이 많아 골프 마니아들은 크루즈를 타고 섬마다 돌며 라운딩을 다니기도 한다. 섬마다 아름다운 골프 코스를 돌아보고 싶다면, 크루즈를 타고 숙소와 식사를 해결하면서 여유롭게 즐길 수 있다. 선박 내 수영장에 딸린 자쿠지도 있어 운동하고 들어와 저녁에 몸을 풀고 다음 날 아침 든든하게 배를 채우고 또다시 가볍게 새로운 코스로 라운딩을 나갈 수 있을 것이다. 배 안에만 있어도 다양한 부대 시설을 이용하고 크루즈 내 프로그램에 참여하다 보면 하루가 어떻게 지나가는지 모른다. 하와이에서 섬을 도는 크루즈 회사는 노르웨이지안 크루즈(Norwegian Cruise Line) 회사 한 곳뿐이며, 비용은 내가 다녀온 2018년보다 약간 올랐다. 나는 동행과 함께 방을 이용했지만 혼자 간다면 싱글 차지(charge) 없는 스튜디오 객실을 이용할 수 있다. 프로모션은 예약 시점에 따라 적용이 달라지므로 예약할 때 문의해야 한다. NCL에서 제공한 크루즈 일정과 비용에 대한 내용은 다음과 같다.

제공: 노르웨이지안 크루즈

운항 시기 : 매주 토요일 출발, 연중 운항
운항 선박 : 프라이드 오브 아메리카호
선실 가격 : 1,800$ / 1인
문의 : NCL 한국 판매대리점 02-733-9033

어학연수

ESTA 비자로 미국에 가는 경우 90일까지 체류할 수 있다. 그 기간 내에 학생 비자 없이 주 18시간까지 어학 수업 수강이 가능하다. 주의할 점은 ESTA 비자는 여행 비자라 ESTA 비자로 하와이 입국 시 이민국에서 방문 목적을 물을 때 어학연수를 왔다고 하면 입국 거절되는 경우가 간혹 있어 관광을 목적으로 왔다고 답하는 것이 좋다. 한 달 동안 휴양과 공부를 병행하는 것도 하와이에 머무는 시간을 알차게 보낼 수 있는 좋은 방법이다. 현재 하와이 내 어학연수

제공: Global village Hawaii

비용은 주당 200달러부터 시작해 1천 달러 이상까지이며 연령대별로 프로그램이 다양하다.

https://www.languageinternational.com에서 하와이 선택 후 원하는 옵션을 선택하면 가격대, 연령대별 프로그램의 내용과 비용을 쉽게 찾아서 비교할 수 있다. 교실에서만 하는 수업이 아닌 다양한 활동과 결합한 프로그램들도 있어 즐기면서 영어를 배울 수 있다.

아이와 함께 하와이에 머무는 동안 현지 아이들이 다니는 학교에 보낼 생각이라면 하와이의 겨울 방학 기간이 크리스마스 전후로 2주간이기 때문에 12월 말이나 1월 초쯤 떠나는 것을 추천한다. 사립 학교는 단기로 입학이 가능한 학교들이 있으나 코로나19 이후 외부 학생을 받지 않는 학교들이 많아 전화나 이메일을 통해 먼저 문의해야 한다. 와이키키를 중심으로 봤을 때 외국인 학생이 한 달만 단기로 입학할 수 있는 학교로는 세인트 패트릭 스쿨(St. Patrick School)이 있다. 비교적 저렴하고 규모가 큰 학교라 빠르게 마감되기 때문에 적어도 한 학기 전에 미리 알아보아야 한다. 또한 하와이안 미션 스쿨 카라마이키(Hawaiian Mission Academy Ka Lama Iki)에는 외국인 학생을 단기로 받는 프로그램이 따로 마련되어 있어 현지 학생들과 함께 수업을 들을 수 있는 기회를 주고 있다. 공립 학교의 경우 ESTA 비자로는 입학이 불가능하고 여름 캠프나 겨울 캠프에는 유료로 등록할 수 있다. 다만 현지 아이들이 참여하는 겨울 캠프 기간은 한국의 겨울 방학 기간과 맞지 않아 여름 캠프에 참여할 수 있다. 또한, 미국은 여름 방학이 길어 여름 캠프를 여는 학교가 많은데, 원하는 기간만큼 등록해서 다닐 수 있다. 여름 방학 기간에 여행한다면 방문 기간 동안 여름 캠프에 참여해보는 것도 좋은 경험이 될 것이다. 유학원을 통해 알아본다면 더 간편하겠지만, 대행료가 만만치 않아 조금만 시간을 들이면 큰 비용을 아낄 수 있다.

현지인들이 듣는 수업 참가하기

하와이에도 한국의 문화센터 같은 곳이 있다. 모아나 음악 예술 학교(Moana School of Music & the Arts)에서는 연기, 예술, 요리, 댄스, 음악 수업을 진행하는데 현지인들과 함께 수업을 듣고 소통하는 좋은 기회가 될 것이다. 요리 수업의 경우 수업료 50달러에 저녁 식사까지 포함되어 영어 수업을 듣고 식사도 한다 생각하고 등록해서 들어보는 것도 좋다. 7주나 20주 동안 듣는 학기 수업이 있어 장기간 머문다면 학기 수업에 등록할 수 있다. 등록은 홈페이지에서 프로그램별 강사 이메일로 수강 신청을 하면 된다. 와이키키 내에는 와이키키 커뮤니티 센터(Waikiki Community Center)가 있는데, 다양한 수업이 개설되는 문화센터다. 시설은 좀 낡아 보이지만 저렴한 가격에 배우고 싶은 수업을 들을 수 있다. 농장 체험, 현지 쉐프의 요리 수업, 라이브 음악과 함께 하는 추억 여행, 영어 수업 등 재미있는 수업이 많다. 요리 수업의 경우 하와이의 대표 음식 포케를 만드는 수업도 있었는데, 이런 수업은 현지 식문화를 좀 더 깊게 접할 수 있는 기회다. 홈페이지에 가면 다양한 수업 스케줄을 확인하고 수강 신청을 할 수 있다. 이렇게 현지인들과 어울려 수업을 듣는다면 학원에서 하는 어학연수보다 더 좋은 영어 공부가 될 수도 있고 특별한 추억이 될 것이다.

와이키키 커뮤니티 센터(Waikiki Community Center)
310 Paoakalani Ave, Honolulu, HI 96815 미국
+18089231802
https://www.waikikicommunitycenter.org/

다양한 레저 활동

하와이에서 해양 레저 스포츠는 빼놓을 수 없는 것 중 하나다. 특히 서핑에 최적인 하와이에서 서핑 강습은 꼭 한번 받아 보는 것을 추천한다. 수영을 못하고 서핑을 한 번도 해본 적이 없어도, 노련한 강사들이 차근차근 서핑을 즐길 수 있도록 도와준다. 정적인 것을 좋아한다면 해질녘 물 위에서 하는 수중 요가 체험을 하는 것도 특별한 경험이다. 샤크 케이지 투어, 돌핀 와칭, 터틀 스노클링, 겨울에는 혹등고래 와칭 등과 같은 체험 활동을 하러 일주일에 한 번 이상 바다로 나간다면 한 달이 순식간에 지나갈 것이다. 할인된 가격으로 예약이 가능한 사이트로는 '그루폰'과 'Viator'가 있다. 여행사를 통해 한국인들과 섞여 다니면 편할 수 있겠지만 다양한 나라에서 온 관광객들과 어울리는 것이 하와이 한 달 살기의 묘미다.

아이와 함께하면 좋은 활동

무료 클래스

학령기 이전의 자녀를 동반한 하와이 한 달 살기를 계획한다면 학원이나 학교에서 운영하는 프로그램이 있지만, 비용이 부담되는 경우 자녀와 함께 무료 클래스에 참여하는 방법이 있다. 로열 하와이안 센터에서는 매주 월요일, 화요일, 금요일 오전 10시, 수요일 오후 4시에 로얄 하와이안 센터 중앙에 있는 로열 그로브(Royal Grove)에서 약 한 시간 동안 무료 훌라 레슨을 한다. 누구나 참여할 수 있으며 따로 등록할 필요도 없다. 또한 목요일 오후 12시에는 한 시간 동안 5~10세 어린이들이 무료로 기본적인 훌라 동작을 배울 수 있다. 월요일, 금요일, 토요일 1시에는 로열 하와이안 센터 A건물의 Level 2에서 레이 만들기 무료 강습이 있는데 선착순이기 때문에 미리 가서 줄을 서야 한다. 하와이 어느 곳을 가든 우쿨렐레 연주가 들리는데, 우쿨렐레 무료 강습에 참여해 직접 배우고, 연주해 본다면 재미있는 경험이 될 것이다. 우쿨렐레 강습은 매주 화요일, 수요일, 목요일, 금요일 오전 10시에 로열 하와이안 센터의 파이나 라나이 푸드 코트에 가면 한 시간 동안 진행된다.

하와이 스테이트 공공도서관에 회원 가입을 하면 우쿨렐레 대여도 가능하며, 토요일에 어린이들을 위한 스토리타임과 크래프트 클래스가 개설되기도 한다. 이 클래스는 인원 제한이 있기 때문에 미리 도서관에 문의해야 한다. 또한 도서관 1층 어린이 도서 파트에 가면 앉아서 책을 읽을 수 있는 공간이 마련되어 있어 다양한 영문 도서를 읽으며 시간을 보낼 수 있다. 도서관 바로 근처에는 YWCA가 있는데, 회비를 내고 센터 내 클래스에 참여하고 시설을 이용할 수 있다. 이곳에 아이들을 위한 수영 클래스도 있으니 아이들과 함께 도서관에서 시간을 보내고 YWCA, 이올라니 궁전, 하와이 공공 미술관을 돌며 하루를 보내면 꽉 찬 하루가 될 것이다.

어린이를 위한 놀이 수업

하와이에는 어린이들을 위한 수업이 꽤 있다. 0세~5세 아이들을 위한 놀이 음악 수업을 들어보고 싶다면 하루 무료 수업을 들어볼 수 있는 곳이 있다. 수업이 만족스럽다면 6주에 165달러의 비용을 내고 다닐 수 있으며 매주 금요일, 토요

이올라니 궁전(Iolani Palace)
364 S King St, Honolulu, HI 96813 미국
+18085220822

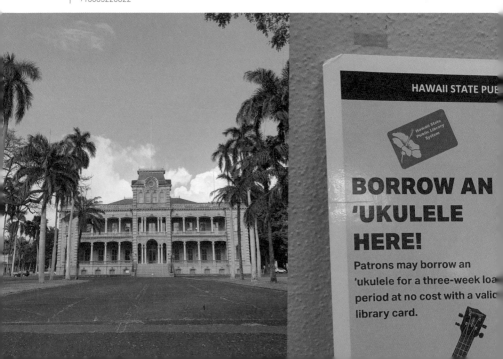

일, 일요일 중 수업이 열리는 날 오전 9시부터 무료 데모 수업에 참가할 수 있다. 수업은 45분간 진행되며 아이들 수준에 맞춰 여러 가지 도구를 이용한 활동적인 음악 수업을 진행해 아이들이 매우 좋아한다. 클래스의 위치는 메르세데스 벤츠 매장 바로 옆 아서 머래이 댄스 센터(Aurthur Murray Dance Center)에서 진행된다. 데모 수업에 참가하려면 해당 사이트(https://musictogetheraloha.com)에서 예약을 하고 가야 한다. 참고로, 강사가 길게 휴가를 가 장기간 휴강이 이어질 때도 있으니 미리 문의해야 한다.

호놀룰루 미술관에서는 매주 토요일 성인들뿐만 아니라 어린이들을 위한 아트 클래스를 운영한다. 클래스에 대한 정보를 호놀룰루 미술관 홈페이지에서 확인하고 등록할 수 있다. 어린이를 위한 클래스는 연령대별로 나눠져 있으며, 클래스에 따라 1시간 30분에서 3시간까지고, 가격도 35~85달러로 다양하다. 박물관에서 진행하는 아트 클래스에서 하와이 현지 아이들과 소통하며 배우는 시간을 가진다면 아이에게도 기억에 남는 특별한 경험이 될 것이다.

1세~8세 자녀를 하와이 현지 어린이들과 함께하는 축구 수업에 참여시키고 싶다면 카피올라니 공원에서 매주 운영하는 축구 교실이 있다. 6주간 등록하면 주 1회 수업이고 연령대별로 80~110달러다.

해당 사이트 (https://www.keikikicks.com)에 들어가 자리가 있는 수업에 등록하고 수업이 있는 날 카피올라니 공원으로 가면 선생님이 아이들을 기다리고 있다. 현지 아이들과 어울려 미국인 코치의 지도를 받을 수 있는 좋은 기회이다.

그 밖에 현지 아이들과 어울려 수업을 들을 수 있는 곳은 다음과 같다. 현지 업체 중 가격과 프로그램 면에서 가성비가 좋고 와이키키에서 가까운 곳에 위치한 업체들로 선정해 보았다. 해당 사이트에

수영 강습 – Little Fish Ocean Swimming
https://www.littlefishoceanswimming.com/
매직 아일랜드 라군에서 야외 수영 강습

서핑 강습 – Mickey's Surf School
https://mickeysurfschool.com/
고프로로 촬영한 동영상과 사진 무료 제공, 여름 시즌에 캠프 운영

방문하면 강습 별 가격과 등록 방법이 안내되어 있다.

와이키키에서 좀 더 떨어진 곳까지 갈 수 있다면 아이들이 승마 수업을 들을 수 있는 곳도 있다. 'Nalo Keiki Paniolo' 홈페이지에서 예약할 수 있으며 어른과 아이가 함께 수업을 들을 수 있다. 또, 8세 이상부터 강습을 받을 수 있다. 수업은 1시간이고 간 김에 염소, 당나귀, 양, 알파카 같은 동물을 만져볼 수 있는 'Da Zoo' 프로그램

도 참여해 보면 좋다. 염소와 함께 요가를 하는 특이한 프로그램도 마련되어 있는데 동물과 교감하며 요가를 하는 재미있는 경험을 할 수 있다. 이 프로그램 역시 홈페이지에서 수강 신청을 하면 된다. Da Zoo 프로그램은 2살 이하의 경우 입장료가 무료이며, 현장에서 주는 동물 먹이를 받아 직접 먹이를 주는 체험을 할 수 있다.

음악회 관람

한 달 살기를 하는 동안 레저 활동뿐만 아니라 문화생활을 즐긴다면 좀 더 풍요로운 일정이 될 수 있다. 하와이 심포니 오케스트라 홈페이지 https://www.myhso.org에 가면 다양한 공연 스케줄 확인이 가능하다. 어린이들을 위한 애니메이션 음악 공연부터 유명한 아티스트의 공연까지 입맛에 맞는 공연을 골라볼 수 있다. 공연 연주자나 지휘자가 곡 중간중간 연주곡 해설도 해주어 곡을 이해하는 데 도움이 되고 그만큼 연주에 더 몰입하게 된다. 영어를 잘 알아듣지 못하더라도 공연하는 사람과 관객이 소통하는 편안한 분위기를 느낄 수 있으며, 해설하는 사람의 몸짓과 목소리 톤만으로도 곡의 느낌이 전달되기도 한다.

셀프 웨딩 촬영 명소

하와이는 신혼여행 명소인 만큼 곳곳에서 신혼부부와 웨딩 행사 장면을 볼 수 있다. 하와이에서 새로운 시작의 설렘을 멋진 사진으로 남긴다면 두고두고 열어 보며 추억할 수 있을 것이다. 사진사를 고용해서 스냅 촬영도 많이 하지만 카메라 거치대를 들고 다니며 알콩달콩 사진 찍는 재미도 쏠쏠하다. 추천할 만한 장소로는 앞에서 소개한 와이알라에 비치파크인데, 카할라 리조트 초입까지 이어지는 해변의 야자나무 길이 사진 명소이다. 나도 이곳에서 웨딩 스냅을 찍었는데 멋진 사진들이 많아 좋은 추억으로 남았다. 종종 이곳으로 남편과 산책을 가는데 갈 때마다 웨딩 스냅을 찍는 커플들이 곳곳에 보인다. 한가로우면서도 풍경이 아름다워 어떤 사람은 이곳에서 요가 강의 영상을 찍기도 한다. 참고로 와이알라에 공원이 아닌 카할라 리조트 사유지 내에서는 간단한 사진 촬영은 가능하지만, 사진사를 대동한 웨딩 스냅 촬영은 불가능하다.

와이키키에서도 지나가는 사람들 사이에서 자연스러운 스냅 촬영이 가능하다. 길거리의 어느 가게 앞이나 서핑보드 옆에서 찍기만 해도 멋진 사진이 탄생한다. 와이키키에서 가까운 곳으로 해가 질 무렵 석양을 배경으로 로맨틱한 사진을 찍기에 적합한 곳은 알라모아나 비치 파크가 있고, 와이키키에서 40~50분가량 서쪽으로 가면 포시즌 호텔과 디즈니 호텔, 코올리나 리조트가 모여 있는 곳에 라군이 있다. 이곳은 일몰이 아름답기로도 유명하며, 해변가에서 석양의 은은한 빛을 받으며 촬영하는 커플은 그 장면 자체만으로도 한 폭의 그림을 보는 듯하다.

내가 간다, 하와이!

제주도 한 달 살기가 유행하면서 해외 한 달 살기에 대한 관심이 점점 높아지고 있다. 일상을 벗어나 새로운 곳에서의 삶은 생각만으로도 설레는 일이다. 한 달 살기는 여행으로 잠깐 다녀오는 것과 달리 좀 더 많은 준비가 필요하다. 무엇을 먼저 알아봐야 할지, 어디서부터 시작을 해야 할지 막막하고 두려울 수 있다. 그런 이들을 위해 하와이 한 달 살기를 준비하는 과정에 대한 안내와 알아 두면 도움이 되는 유용한 정보들을 모았다. 이 책에서 말하는 방법이 최선은 아닐 수도 있지만, 하와이 한 달 살기의 큰 틀이 머릿속에 그려졌을 것이다. 차근차근 준비해 나가면 하와이 한 달 살기가 현실이 될 수 있다. 직접 한 달 살기를 하면서, 또 하와이에 거주하면서 경험하고 느낀 것을 통해 얻은 팁들이 큰 도움이 되기를 바라는 바이다.

책을 통해 하와이 한 달 살기 경험과 노하우를 알리고 싶은 마음에 한 페이지, 두 페이지 생각날 때 끄적거리니 점점 분량이 늘어났다. 그러던 중 한국에 잠깐 방문했을 때 문화센터에서 한 작가님의 출판 스토리를 듣게 되었다. 강의가 끝나고 작가님을 찾아가 투고를 하고 싶은데 어떻게 해야 하나 물으니 상세하게 알려주셨다. 마침내 포르체라는 출판사를 통해 이 책이 빛을 볼 수 있었다.

나는 추위를 많이 타는 탓에 겨울만 되면 골골거리며 겨우 출근했다. 날씨가 조금이라도 쌀쌀해지면 핫팩이나 발 찜질기와 한 몸이 되어 퇴근 시간만 눈이 빠지게 기다리곤 했다. 그러던 어느 겨울, 하와이로 한 달 살기를 하러 떠났다. 한 달 살기를 하며 하와이에 집이 있다면 겨울이 올 때마다 와서 지낼 수 있으니 얼마나 좋을까 하는 생각을 했다. 오늘 한국에서 보내온 사진에는 새하얀 눈이 가득하다. 이맘때 아침 일찍 출근하면서 하와이의 '따뜻한 겨울'을 상상하던 내가 지금은 그 세상 속에 살고 있다. 쳇바퀴 같은 일상을 벗어나 잠시 머리를 식히러 하와이로 향했고, 그곳에서 인생의 큰 전환점을 맞이했다. 하와이 한 달 살기를 계기로 결혼을 했으며 이든이가 태어났다. 그리고 지금은 하와이에 살고 있다. 태어난 지 6개월 된 이든이가 뒤집기를 하고, 수영장에서 튜브를 탄다. 하루하루 새로운 모습을 지켜보는 재미에 지루할 틈이 없다. 내 얼굴만 봐도 깔깔대며 좋아하는 이든이와 내가 재밌는 하루를 보냈다고 하면 누구보다 좋아해 주는 남편이 있어 싱거운 국물 같던 인생이 맛깔스럽게 변했다.

나와 하와이의 인연은 이렇게 흘러왔고, 그 길에 소중한 인연들이 있었다. 파블로 아저씨가 지금의 남편을 소개해 주었고, 문화센터에서 만난 작가님이 용기를 주며 진심으로 응원해 주었다. 이 책을 끝까지 읽은 여러분도 하와이와 인연을 만들 준비가 되었다. 이를 시작으로 새로운 인생의 방향이 펼쳐질 수 있다. 그 길에서 소중한 인연들을 만나게 될 것이다. 내가 하와이의 매력에 푹 빠진 것처럼 한 달 동안 그 매력을 느껴 보길 바란다.

영화 〈친구〉의 명대사 중 "네가 가라, 하와이."라는 대사가 있다. 나는 여러분에게 이렇게 말하고 싶다. "내가 간다, 하와이!"

하와이 한 달 살기
일주일 비용으로 즐기는 하와이 여행의 모든 것

초판 1쇄 발행 2023년 1월 25일

지은이 함혜영
펴낸이 박영미
펴낸곳 포르체

편집팀장 임혜원
책임편집 임혜원
편   집 김성아
마 케 팅 손진경, 김채원

출판신고 2020년 7월 20일 제2020-000103호
전화 02-6083-0128 | 팩스 02-6008-0126
이메일 porchetogo@gmail.com
포스트 https://m.post.naver.com/porche_book
인스타그램 www.instagram.com/porche_book

ⓒ 함혜영(저작권자와 맺은 특약에 따라 검인을 생략합니다.)
ISBN 979-11-92730-16-5 (14980)
ISBN 979-11-91393-91-0 (세트)

여러분의 소중한 원고를 보내주세요.
porchetogo@gmail.com